Kohlhammer

Dennis Richmann

Geschäftsprozess-
management bei der
Feuerwehr

Verlag W. Kohlhammer

1. Auflage 2020

Alle Rechte vorbehalten
© W. Kohlhammer GmbH, Stuttgart
Gesamtherstellung: W. Kohlhammer GmbH, Stuttgart

Print:
ISBN 978-3-17-035907-9

E-Book-Formate:
pdf: ISBN 978-3-17-035909-3
epub: ISBN 978-3-17-035910-9
mobi: ISBN 978-3-17-035911-6

Inhaltsverzeichnis

Inhaltsverzeichnis

Vorwort

Die moderne Arbeitswelt wird immer wieder durch unterschiedliche Entwicklungen geformt und in teils vorgegebene Bahnen gelenkt. Nicht zuletzt der demographische Wandel, schnelle technologische Entwicklungen, der wachsende Kostendruck aufgrund zunehmend begrenzter Finanzmittel und die gestiegenen Anforderungen der unterschiedlichen Anspruchsgruppen an Service und Leistungserbringung stellen die öffentliche Verwaltung immer wieder vor Herausforderungen. Hinzu kommen Themen wie Digitalisierung, Mobile Solutions und Cloud-Computing für deren Begegnung ein über das solide Grundverständnis hinausgehendes Fachwissen notwendig ist. Nicht zuletzt durch das Gesetz zur Förderung der elektronischen Verwaltung (EGovG), welches vor Einführung von informationstechnischen Systemen den Einsatz von gängigen Methoden zur Dokumentation, Analyse und Optimierung fordert, unterstützt der Gesetzgeber diese Entwicklung. Auch die Feuerwehren in Kreisen, kreisangehörigen Gemeinden und kreisfreien Städten bleiben von dieser Entwicklung nicht unberührt.

Nur eine Feuerwehr, die sich intensiv mit ihren Strukturen, Prozessen und Dienstleistungen beschäftigt, wird diese Herausforderungen und den damit verbundenen digitalen Wandel nicht nur aktuell, sondern in die Zukunft gedacht meistern können. Zur Bewältigung der zum Teil recht komplexen und auch wechselseitigen Herausforderungen werden in der Literatur zahlreiche Methoden und Werkzeuge angeboten. Alle Vorgehens- und Herangehensweisen stimmen darin überein, nicht nur das theoretische Konstrukt zu verstehen, sondern es in eine praxistaugliche Form zu bringen und tatsächlich zu leben.

Im Folgenden werden Methoden und Werkzeuge praxisnah erörtert und dargestellt, die durch eine einfache Handhabung die gewünschten Ergebnisse erzielen und so den Benutzer und Leser dieses Buches in die Lage versetzen, den Herausforderungen zielgerichtet zu begegnen. Als Anwendungsbeispiel wird die fiktive Feuerwehr der kreisfreien Stadt Musterstadt herangezogen, die aufgrund des Neubaus eines zentralen Werkstattzentrums ihre Geschäftsprozesse und deren Management überdenken und optimieren muss.

1 Einleitung

1.1 Warum Geschäftsprozessmanagement?

»Für den Brandschutz und die Hilfeleistung unterhalten die Gemeinden den örtlichen Verhältnissen entsprechend leistungsfähige Feuerwehren [...]«

Diese in § 3 Abs. 1 des Feuerwehrgesetzes für Nordrhein-Westfahlen getroffene Festlegung beschreibt nur eine von 16 unterschiedlichen – aber dennoch vergleichbaren – Formulierungen, die besagt, dass die Aufgabenträgerschaft eine kommunale Feuerwehr als pflichtige Selbstverwaltungsaufgabe unterhalten muss. Wie eine »leistungsfähige Feuerwehr« zu definieren ist, kann weder den Feuerwehrgesetzen noch anderen gesetzlichen Vorgaben entnommen werden. Vor diesem Hintergrund werden Feuerwehrbedarfsplanungen durchgeführt, die neben feuerwehrtechnischen Aspekten auch die Grundsätze der Wirtschaftlichkeit und Sparsamkeit berücksichtigen. Anhand objektiver Kriterien gilt es also das richtige Maß der vorzuhaltenden Feuerwehr zu finden, bei dem notwendige Größen wie beispielsweise Personal, Fahrzeugtechnik und Standorte berücksichtigt werden. Die wohl bekannteste und zugleich genau beschriebene Kombination unterschiedlicher Kenngrößen als Planungs- und Qualitätsmerkmal für Einsätze von Feuerwehren, ist die Hilfsfrist bzw. das Schutzziel, also die Aussage über das Sicherheitsniveau, welches als Minimum erreicht werden soll. Konkret handelt es sich darum, in welcher Zeit (Hilfsfrist), mit wie viel Mannschaft und Gerät (Funktionsstärke), in wie viel Prozent der Fälle (Zielerreichungsgrad) die Feuerwehr am Schadensort eintreffen soll. Die Hilfsfrist selbst lässt sich in die drei wesentlichen Zeitabschnitte der »Gesprächs- und Dispositionszeit in der Leitstelle«, der »Ausrückezeit der Einsatzkräfte« sowie die »Anfahrt bis zum Einsatzort« beschreiben. Mit Blick auf die effektive Ausgestaltung der Gesprächsannahme durch die Disponierenden in der Leitstelle (zielgerichtete Befragung des Notrufenden) und der effizienten Entsendung von Einsatzmitteln an die Einsatzstelle (die Richtigen Einsatzmittel für die Abarbeitung des Einsatzes) befindet sich die Feuerwehr bereits mitten im Prozess- bzw. Geschäftsprozessmanagement eines existenziell wichtigen Prozesses, einem so genannten »Kernprozess«. Doch zunächst gilt es zu klären, was ist Geschäftsprozessmanagement?

Eine häufig gewählte Definition ist die Bezeichnung von Geschäftsprozessmanagement als »[...] (ganzheitliches,) integriertes System aus Führung, Organisation und Controlling zur zielgerichteten Steuerung und Optimierung von Geschäftsprozessen« (Schmelzer & Sesselmann, 2016, S. 6). Unter dieser recht allgemein gehaltenen Darstellung fällt es schwer, den direkten Feuerwehrbezug herzustellen. Mit der Frage, ob vergleichbare Strukturen bei der Feuerwehr bereits existieren oder bekannt sind, hilft der Blick in die »Feuerwehr-Dienstvorschrift 100 – Führung und Leitung im Einsatz« (FwDV 100). Geschäftsprozessmanagement entspricht in großen Teilen dem klassischen Führungssystem der FwDV 100, also dem Wissen um Führungsorganisation (Aufbau), Führungsvorgang (Ablauf) und den Führungsmitteln (Ausstattung), ergänzt um weiterführende Informationen zur klaren Abgrenzung von Zuständigkeiten, Verantwortungen und der Ermittlung von Werten, die zur Beurteilung des Ergebnisses herangezogen werden können (Kennzahlen). Während bei der FwDV 100 der angestrebte Einsatzerfolg mit der dafür benötigten Funktionsstärke zugrunde gelegt ist, kann dem Geschäftsprozessmanagement die effiziente und effektive Nutzung vorhandener Ressourcen in den rückwärtigen Aufgabenfeldern zugesprochen werden, wobei bereits zwei wesentliche und gleichermaßen problematische Bestandteile Erwähnung finden. Geschäftsprozessmanagement leistet einen Beitrag zur Effektivitäts- und Effizienzsteigerung der Feuerwehr, das heißt die »die richtigen Dinge tun« und die »Dinge richtig tun«. Eine Feuerwehr ist erst dann effizient, wenn sie mit möglichst geringem Mitteleinsatz ihren gesetzlichen oder verwaltungstechnischen Aufgaben gerecht werden kann. Nicht oder nur mangelhaft beherrschte Prozesse führen unweigerlich zu Beanstandungen, Fehlern oder zu hohen Kosten und damit zu Geld, welches für andere Aufgaben zielgerichteter verwendet werden kann.

Der ganzheitliche Ansatz des Geschäftsprozessmanagements ermöglicht nicht nur die Betrachtung der für die Feuerwehr offensichtlichen, zum Teil gesetzlich vorgeschriebenen und verwaltungstechnisch notwendigen »Kernprozesse«, sondern ebenso die der relevanten »Führungsprozesse« und »Unterstützungsprozesse«, mit einem zentralen Ansatz, diese zu steuern und zu überwachen. Unterstützungsprozesse tragen grundsätzlich nicht zur Bewältigung der Kernprozesse bei, sind aber dennoch für die Abwicklung zwingend notwendig. Die Annahmen eines Notrufes und die anschließende Disposition stellen einen Kernprozess dar, wohingegen die Erstellung von Zugangsdaten (Benutzername und Passwort) zum Einsatzleitsystem für die Disponierenden notwendig ist, aber grundsätzlich nur einen Unterstützungsprozess darstellt. Wird die Frage nach Personalveränderungen oder strategischen Ausrichtungen gestellt, so handelt es sich grundsätzlich um Führungsprozesse, also Aufgaben, die von der obersten Leitungs- und Führungsebene wahrgenommen werden.

Die Kunst des Geschäftsprozessmanagements ist es also, eine ganzheitliche Betrachtung aller für den Betrieb der Feuerwehr notwendigen Geschäftsprozesse zu erhalten, den Überblick zu wahren und interne Abläufe, Vorgehensweisen und

Schnittstellen zu identifizieren, zu hinterfragen und gegebenenfalls zu verbessern, sodass vorhandene Ressourcen möglichst effektiv und effizient genutzt werden können. Gemäß der »leistungsfähigen Feuerwehr« gilt es also eine ebenso »leistungsfähige Verwaltung« zu etablieren, die im Hintergrund so agiert, dass die Feuerwehr nicht mit der Selbstverwaltung beschäftigt ist, sondern den eigentlichen Fokus auf das Kerngeschäft legen kann und gleichzeitig den zukünftigen Herausforderungen aufgrund geänderter gesellschaftlicher, technologischer oder demographischer Veränderungen zielgerichtet begegnen kann.

Merke:

Es ist stets notwendig der Effektivität eine ebenso hohe Aufmerksamkeit zukommen zu lassen wie der Effizienz. Auch bei dem Geschäftsprozessmanagement gilt es »vor die Lage kommen« und nicht »hinterher zu laufen«.

1.2   Welchen Nutzen bietet Geschäftsprozessmanagement?

Stellenpläne der Gemeinden und Kreise beschreiben den qualitativen Rahmen der Personalwirtschaft. Grundsätzlich gilt das Prinzip nur die Stellen zu schaffen, die zur Einführung der gesetzlichen Aufgaben notwendig sind (KGSt, 2009, S. 9). Übertragen auf die Feuerwehr bedeutet dies, dass sich die in den Feuerwehrgesetzen beschriebenen Aufgaben in den durch die Politik beschlossenen Feuerwehrbedarfsplänen wiederfinden. Basierend auf dem Arbeitszeitmodell der Vollzeit wird die Personalbemessung durchgeführt, in der verschiedene Einflussgrößen wie Aus- und Fortbildung, Urlaub und Krankheit Berücksichtigung finden. Dies wirft die Frage auf, wie viel Personal an und auf welcher Stelle tatsächlich benötigt wird. Hinzu kommt, dass auch der Gesetzgeber erkannt hat, mit der Schaffung neuer Stellen allein ist die Bewältigung der Aufgaben nicht möglich. Dies führte zu dem Gesetz zur Förderung der elektronischen Verwaltung (EGovG) in dem es heißt, dass Verwaltungsabläufe vor Einführung informationstechnischer Systeme unter Nutzung gängiger Methoden dokumentiert, analysiert und optimiert werden sollen (vgl. § 9 EGovG, § 12 EGovG NRW). Doch was sind diese Methoden und was umfassen sie? Eine Antwort auf die Frage der Methoden gibt es nicht und wird es auch nicht geben. Sie sollen nur das abbilden können, was sich der Gesetzgeber vorstellt. Fest steht jedoch, dass informationstechnische Systeme überall zu finden und nicht mehr wegzudenken sind. Somit ist der Umfang zumindest klar definiert, nämlich alles. Dieser Ansatz entspricht dem des Geschäftsprozessmanagements, welches sogar einen Schritt weiter geht. Das Geschäftsprozessmanagement beschränkt sich nicht nur auf IT-Systeme, sondern bildet die Möglichkeit eine effiziente und effektive Gestaltung aller Prozesse vorzunehmen. Hierzu zählt das Personaleinstellungsverfahren der Verwaltung genauso wie das Anlegen neuer Benutzerkennungen für die Arbeitsplatzcomputer in der IT-Abteilung oder die Planung der Durchführung von Reparaturaufträgen in den Werkstätten.

Mit der Aussage, dass alle Bereiche Betrachtung finden müssen, stellt sich wiederum die Frage nach einem praktischen Beispiel. Ein für die Feuerwehr typischer Anwendungsbereich ist die Bewirtschaftung von Einheiten mit HuPF-Bekleidung (Herstellungs- und Prüfbeschreibung für eine universelle Feuerwehrschutzbekleidung). In unterschiedlichen Betrachtungen der Bewirtschaftungssystematik hat sich herausgestellt, dass die bereits bei vielen Rettungsdiensten umgesetzte Pool-Bewirtschaftung, das heiß das Vorhalten von Bekleidungsstücken in der Anzahl X und den Größen Y, im Vergleich zu der Ausgabe von Persönlicher Schutzausrüstung die kostentechnisch wirtschaftlichere Variante darstellt. Die strategische Ausrichtung einer Feuerwehr zur Einführung von Bekleidungspools ist ein **Führungsprozess** und zieht verschiedene Formen der Veränderung in den Abläufen der eigentlichen Bewirtschaftung nach sich. So muss das Bekleidungsstück nicht mehr namentlich auf Mitarbeitende gebucht und entsprechend vor der Reinigung ausgetragen werden, sondern kann mit geringem Aufwand aus einer Liste, der so genannten Lebensakte, ausgetragen werden. Bei dem Prozess der Reinigung wird in diesem Fall von einem **Kernprozess** gesprochen. Der Kernprozess selbst bietet bereits jetzt sehr viel Optimierungspotenzial. So kann das manuelle Austragen aus einer Liste zur Pflege der Lebensakte über die meistens bereits herstellerseitig in die Kleidung eingenähte RFID-technologie automatisiert abgebildet werden. Anhand des Kernprozesses und dem Ausbuchen von Bekleidungsstücken lassen sich weitere Prozesse ergänzen, die den Geschäftsprozess zur Pool-Bewirtschaftung unterstützen. Ein Beispiel ist die systemseitige Umsetzung des Mindestbestands einer HuPF-Hose der Größe Y, die bei Erreichen eines definierten Schwellenwertes automatisiert in der Bekleidungskammer die Bereitstellung weiterer Bekleidungsstücke anstößt. Mit diesem Prozess wird die dritte Form der Prozesskategorien beschrieben, die der **Unterstützungsprozesse**. Auch wenn die Bereitstellung von weiteren Bekleidungsstücken in der Bekleidungskammer für die jeweilige Einheit nur ein Unterstützungsprozess beschreibt, so kann die tatsächliche Bereitstellung in der Bekleidungskammer einen Kernprozess darstellen. Damit an dieser Stelle der Überblick über die Prozesse nicht verloren geht oder die Bedeutung der Prozesse für andere Organisationseinheiten nicht falsch kategorisiert wird, gilt es die einzelnen Prozesse zu harmonisieren und aufeinander abzustimmen.

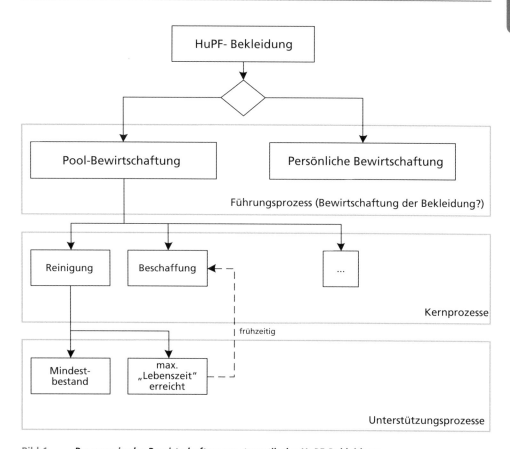

Bild 1:   *Prozesse in der Bewirtschaftungssystematik der HuPF-Bekleidung*

Die Darstellung der Bewirtschaftung von Bekleidungsstücken zeigt, dass sich anhand des recht einfachen Beispiels viele Anwendungsmöglichkeiten ergeben, die nicht alle abschließend aufgeführt werden können.

Nicht nur bereits existierende Abläufe lassen sich auf diese Weise gut beschreiben, sondern auch zukünftig beabsichtigte Arbeitsweisen können so beschrieben werden, dass sie für jeden verständlich abgebildet werden. Insbesondere bei Software-beschaffungen kann auf diese Weise eine funktionale Beschreibung vorgenommen werden, bei der potenzielle Anbieter bereits frühzeitig die beabsichtigte Arbeits- und Funktionsweise des eigenen Produktes vergleichen können.

1.3   Wie kann das Buch zur Erreichung meiner Ziele beitragen?

Wer sich mit der Thematik des Geschäftsprozessmanagements auseinander setzt, hat nicht nur den Anspruch klare Strukturen zu schaffen und Herangehensweisen zu beschreiben, sondern auch gewachsene Strukturen zu hinterfragen, organisatorische Abläufe zu verbessern und neue, flexible Wege aufzuzeigen, deren Verwendung und Anpassung aufgrund kontinuierlicher Überprüfung auch in Zukunft dynamisch möglich ist. Eine anfängliche Motivation zur Herbeiführung von Veränderungen wird oftmals aufgrund unbekannter Vor- und Herangehensweisen und dem Fehlen um das Wissen von Werkzeugen gebremst, oder durch ein Überangebot von Lösungen zerschlagen. Insbesondere in dem doch sehr speziellen Bereich der Feuerwehr und deren Verwaltung existiert kaum Fachliteratur, die solche Themen in dem Maße abdecken, dass eine verwendbare Basis abgebildet wird. Wer dennoch durchhält und sich ernsthaft mit den Möglichkeiten auseinander setzt, wird erkennen, dass Geschäftsprozessmanagement nicht nur zur Optimierung von Abläufen dient, sondern durch den Einsatz geeigneter Kenngrößen und Vernetzungen von Abläufen als zentrales Managementwerkzeugt zur Vereinfachung und Standardisierung herangezogen werden kann.

In dem vorliegenden Buch wird neben der Schaffung eines zum Verständnis beitragenden Basiswissens über Geschäftsprozesse eine Möglichkeit der textuellen und insbesondere visuellen Beschreibung aufgezeigt, die bereits ohne ein übergeordnetes Management durch einfache Handhabung zu einer Verbesserung der Prozesse beiträgt. Als visuelle Form der Beschreibung wird Business Process Model and Notation (Geschäftsprozessmodell und Notation) verwendet, ein internationaler Standard, der durch seine einfache Verwendung und dennoch flexiblen Gestaltungsmöglichkeiten für Einsteiger und Fortgeschrittene geeignet ist. Um die Lücke zwischen Theorie und Praxis abzudecken, wird anhand der fiktiven »Feuerwehr Musterstadt« ein Fallbeispiel konstruiert, welches die Herangehensweise zur Prozessaufnahme über die Analyse hin zur Optimierung beschreibt. Mit der Verwendung eines Systems zur gegenüberstellenden Beurteilung vor und nach der Optimierung wird eine Methode vorgestellt, die für alle Prozesse eine einheitliche Vergleichbarkeit ermöglicht. Abschließend wird über die Beurteilung von Risiken in den Geschäftsprozessen gesprochen. Insbesondere für einen »Kernprozess« ist die Risikobetrachtung und eine entsprechende Entscheidungsfindung bei der Beseitigung oder von Kompensationsmaßnahmen von besonderer Bedeutung.

2 Zentrale Begrifflichkeiten im Prozessmanagement

Um sich im Umfeld des Geschäftsprozessmanagements zurechtzufinden, gilt es zunächst die verschiedenen Begrifflichkeiten voneinander abzugrenzen. Im folgenden Kapitel werden die zum Verständnis notwendigen Begrifflichkeiten beschrieben.

Prozess
Prozesse finden sich in nahezu allen Bereichen der Berufswelt und des Privatlebens wieder. Definiert durch eine sich »[...] regelmäßi[g] wiederholende Tätigkeit mit einem definierten Beginn und Ende [...]« (Gadatsch, 2015, S. 3), können arbeitsseitig organisierte Prozesse manuell, teilautomatisiert oder vollautomatisiert ausgeführt werden (vgl. Gadatsch, 2015, S. 3). Auf einer abstrakten Ebene lässt sich ein Prozess durch

Eingabe (Input) → Aktivität → Ergebnis (Output)

beschreiben (vgl. Schmelzer & Sesselmann, 2016, S. 52).

Geschäftsprozesse
Geschäftsprozesse beschreiben im betrieblichen Umfeld verschiedene zeitlich-logische Abfolgen von Aufgaben, um ein unternehmerisches oder betriebliches Ziel zu erreichen (vgl. Gadatsch, 2015, S. 5). Auf einer abstrakten Ebene lässt sich ein Geschäftsprozess durch

Anforderung von Kunden → wertschöpfende Aktivitäten → Leistung für Kunden

beschreiben (vgl. Schmelzer & Sesselmann, 2016, S. 52).

Grundsätzlich werden Geschäftsprozesse in die Prozesskategorien Führungs-, Kern- und Unterstützungsprozesse unterteilt (vgl. Bild 1). Führungsprozesse, auch Steuerungsprozesse genannt, verantworten das Zusammenspiel der Geschäftsprozesse und beziehen sich auf Strategieentwicklung, Unternehmensplanung und operatives Führen. Kernprozesse sind solche, die einen hohen Wertschöpfungsanteil besitzen. Sie sind wettbewerbskritisch und bilden den Leistungserstellungsprozess (vgl. Gadatsch, 2015, S. 17). Unterstützungsprozesse besitzen keinen oder nur einen geringen Wertschöpfungsanteil. Sie sind nicht wettbewerbskritisch, aber notwendig.

Übertragen auf die Feuerwehr beschreiben Führungsprozesse solche, die politisch, fachliche und personelle Ausrichtungen und Auswirkungen besitzen oder mit sich

15

führen. Eine Zusammenstellung von wichtigen Führungsprozessen ist in der durch die Politik zu beschließenden Brandschutzbedarfsplanung zu finden. Hier werden strategische Entwicklungen, Planung und Steuerung von Ressourcen sowie die daraus resultierenden finanziellen Entwicklungen beschlossen, die es anschließend zu konkretisieren gilt. Kernprozesse hingegen sind Prozesse, die zur Bewältigung der Kernaufgaben und der Verwaltung in den jeweiligen Anwendungsbereichen dienen. Hierzu zählen beispielsweise die Durchführung der Brandverhütungsschau, die Bemessung von Personalansätzen für Veranstaltungen oder die Einsatzberichterstellung zur anschließenden Abrechnung von Einsätzen. Damit Führungs- und Kernprozesse grundsätzlich funktionieren können, sind Unterstützungsprozesse notwendig, welche die Basis bilden. Ohne den Zugang und Zugriff auf das Berichtswesen der Einsatzberichterstellung kann eine Abrechnung nicht erfolgen.

Workflow

Ein »[…] formal beschriebener, ganz oder teilweise automatisierter Geschäftsprozess […]« (Gadatsch, 2015, S. 5 f.) wird als Workflow bezeichnet. Workflows zeichnen sich grundsätzlich durch einen hohen Detaillierungsgrad aus. Berücksichtigt werden zeitliche, fachliche und ressourcenbezogene Spezifikationen, welche für automatisierte Steuerungsabläufe erforderlich sind. Während der Geschäftsprozess den Fokus auf betriebswirtschaftliche Aspekte und die Darstellung der Abfolge von Arbeitsschritten legt, zielt der Workflow auf die detaillierte technische Beschreibung der Arbeitsschritte ab.

Das konkrete Ausführen eines Workflows wird als Workflow-Instanz bezeichnet (vgl. Obermeier et al, 2014, S. 114).

Beispiel:

Nach § 27 BHKG – Brandsicherheitswachen sind Veranstaltungen, bei denen eine erhöhte Brandgefahr besteht und bei Ausbruch eines Brandes eine große Anzahl von Personen gefährdet ist, der Gemeinde rechtzeitig anzuzeigen, sodass die Gemeinde darüber entscheidet, ob eine Brandsicherheitswache erforderlich ist. In einer vereinfachten Form ist der zu Grunde gelegte Geschäftsprozess die Überprüfung der gemeldeten Veranstaltung, die Feststellung der Notwendigkeit von Brandsicherheitswachen, die Durchführung der Brandsicherheitswache sowie die anschließende Abrechnung der Brandsicherheitswache.

Der Workflow »Abrechnung« hingegen beschreibt detailliert, welche Dokumentenvorlagen zur Abrechnung der Stunden seitens der Brandsicherheitswache verwendet werden müssen, welches Abrechnungssystem zu verwenden ist und wie die durch die Sachbearbeitenden unterschriebene Rechnung über die Hauspost an den Veranstalter versendet wird.

Geschäftsprozessmanagement

Geschäftsprozessmanagement (GPM), auch Business Process Management (BPM) genannt, beschreibt ein ganzheitliches System aus Führung, Organisation und Controlling um Geschäftsprozesse zielgerichtet zu steuern (vgl. Schmelzer & Sesselmann, 2016, S. 6). Die Aufgabe des GPM ist eine permanente Verbesserung der Prozesse hinsichtlich Aktualität, Leistungsfähigkeit und Qualität (vgl. Gadatsch, 2017, S.1 ff.). Die zentralen Bestandteile des GPM »strategisches Prozessmanagement«, »Prozessentwurf«, »Prozessimplementierung« und »Prozesscontrolling« bilden die Basis des Geschäftsprozessmanagement-Kreislaufs.

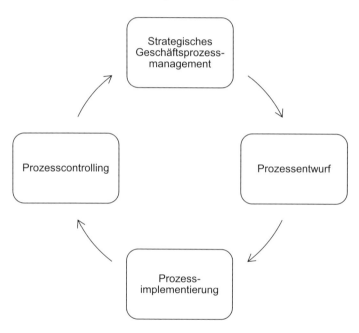

Bild 2:   *Geschäftsprozessmanagement-Kreislauf, in Anlehnung an (Allweyer, 2005, S. 1)*

Ausgehend von dem strategischen Prozessmanagement, welches sich den im Unternehmen vorhandenen Prozessen widmet, werden in der Prozessentwurfsphase Geschäftsprozesse identifiziert, in der Prozessimplementierung umgesetzt sowie durch ein geeignetes Prozesscontrolling kontinuierlich überwacht (vgl. Feldmayer & Seidenschwarz, 2005, S. 64 f.). Der Geschäftsprozessmanagement-Kreislauf zeichnet sich dadurch aus, dass er fortwährend durchlaufen wird, um so die Effizienz und Effektivität der Geschäftsprozesse kontinuierlich zu verbessern.

3 Dokumentation und Modellierung von Prozessen

Ein wesentlicher Bestandteil des Geschäftsprozessmanagements ist die Auswahl eines geeigneten Prozessmodells und dessen Dokumentation. Im folgenden Kapitel wird ein Überblick über Modellierungskonzepte und eine für die Feuerwehr im besonderen Maße geeignete Notationsform gegeben.

3.1 Modellierungskonzepte

Je komplexer ein Prozess, desto schwieriger gestaltet es sich diesen für bislang Unbeteiligte nachvollziehbar und verständlich aufzubereiten und auszuführen. Aus diesem Grund wurden in den vergangenen Jahren verschiedene, diagrammbasierte Visualisierungsmethoden zur grafischen Darstellung entwickelt, welche die Konstruktion, Wartung und Anwendung von Geschäftsabläufen sowie die Verwaltung unterstützen sollen. Konstruieren beschreibt hierbei, ähnlich wie bei der technischen Produktion von Waren, die Abbildung eines Geschäftsprozesses, sodass seine Ausführung möglich wird. Den diagrammbasierten Modellierungskonzepten werden verschiedene Modellierungskonzepte zu Grunde gelegt, die in daten-, kontrollfluss- und objektorientierte Methoden zusammengefasst werden können (vgl. Gadatsch, 2015, S. 15 f.).

Datenflussorientierte Methoden stellen die relevanten Daten (Informationen) eines Prozesses in den Vordergrund und analysieren verschiedene Einzeltätigkeiten. Modellierungen mit datenflussorientierten Methoden erschweren es aus dem Diagramm einzelne, unterschiedliche Prozessschritte herauszustellen, da sie den Fokus auf den Fluss der Daten legen (vgl. Gadatsch, 2012, S. 64). Kontrollflussorientierte Methoden hingegen stellen die einzelnen Abläufe der Tätigkeiten in den Vordergrund der Modellierung. Der Fokus der Modellierung liegt somit auf dem Prozess als solchen und nicht darauf, welche Daten verarbeitet werden sollen. Methoden der Objektorientierung stammen aus der Softwareentwicklung und verfolgen die Idee, Funktionen und Daten zu Objekten zusammenzufassen und diese für die weitere Verwendung aufzubereiten (vgl. Gadatsch, 2012, S. 64).

Grundgedanke des vorliegenden Buches ist es, die innerhalb der Feuerwehr vorhandenen Prozesse zu identifizieren, zu sammeln, einen Ansatz zur Erhebung aufzuzeigen und letztendlich zu optimieren. Vorhandene Strukturen, fehlende

Beschreibungen und heterogene Abläufe machen es notwendig, eine flexible, für die Analyse des eigentlichen Prozesses notwendige Methode der Darstellung auszuwählen, die bei Bedarf auch eine detaillierte Beschreibung zulässt. Folglich bietet sich eine Modellierungsmethode aus dem Bereich der kontrollflussorientieren Konzepte an, die den Schwerpunkt auf die Notation der Geschäftsprozesse legt und einen internationalen Standard darstellt. Aus diesem Grund wird die in der ISO/IEC 19510:2013 beschriebene Notationsform Business Process Model and Notation (BPMN) in der Version 2.0.1 verwendet, die im Folgenden erläutert wird.

Praxis-Tipp:

Die Verwendung eines internationalen Standards ermöglicht nicht nur die Nutzung eines vorhandenen Modellierungsbaukastens für den internen Dienstgebrauch, sondern auch die vereinfachte Kommunikation und Darstellung von Sachverhalten und Abläufen für externe Dritte, insbesondere bei nationalen oder europaweiten Ausschreibungen.

Business Process Model and Notation

Ein Grundsatz von Business Process Model and Notation (BMPN), zu dt. Geschäftsprozessmodell und -notation, ist die verständliche und einfache Visualisierung von Geschäftsprozessen (vgl. Moser, 2015, S. 59), ohne vertiefte Grundkenntnisse in der Art und Weise der Darstellungsform. In Bild 3 werden verschiedene Symbole verwendet. Auch ohne Vorkenntnis der verschiedenen Symbole, ist der Prozess »Notrufannahme und Fahrzeugdisposition« verständlich dargestellt. Aufgrund eines nicht näher beschriebenen Ereignisses (Startereignis = runder Kreis mit dünner Linie) setzt der Notrufende einen Notruf (Nachrichtensymbol = Briefumschlag) ab, um qualifizierte Hilfe zu erhalten. Die Nachricht des Notrufenden wird in der Leitstelle durch einen der Disponierenden angenommen und bearbeitet (Aufgaben des Disponierenden = Rechteck mit abgerundeten Ecken in normaler Linienstärke). In der Bearbeitung werden unterschiedliche Informationen erfragt, die zur weiteren Disposition relevant sind. Anschließend werden Einsatzmittel zur Einsatzstelle entsendet (Aufgabe des Disponierenden = Rechteck mit abgerundeten Ecken in normaler Linienstärke). Im weiteren Verlauf erwartet der Notrufende die Einsatzkräfte (Aufgabe des Notrufenden = Rechteck mit abgerundeten Ecken in normaler Linienstärke), sodass idealerweise eine Einweisung zum tatsächlichen Notfallort erfolgen kann. Das ursprüngliche Ereignis wird je nach konkreter Situation »abgearbeitet« (Endereignis = runder Kreis mit dicker Linie).

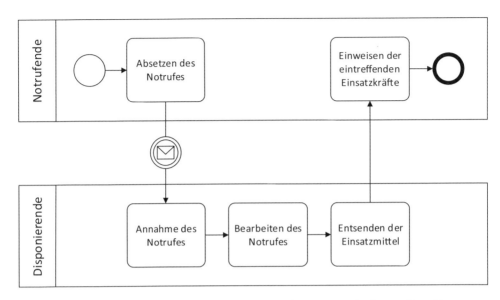

Bild 3:   *Vereinfachte Darstellung des Prozesses »Notrufannahme und Fahrzeugdisposition«*

Merke:

Der Detaillierungsgrad zur Notation von Geschäftsprozessen hängt von der Art der Notwendigkeit ab, dies zu gestalten. Es empfiehlt sich, von einer groben Darstellung zu einer detaillierteren zu gelangen.

Die Symbole der BPMN werden in verschiedene Kategorien, namentlich »Flussobjekte«, »Verbindende Objekte«, »Daten«, »Artefakte« und »Teilnehmer« unterteilt. Diese Elemente werden bei Prozessdiagrammen in unterschiedlichen Ausprägungen verwendet und deshalb auch BPMN-Basiselemente genannt. Grundsätzlich legt der Standard keine farbliche Gestaltung fest, sodass diese durch den Modellierenden, dem so genannten Konstrukteur, frei gewählt werden können. Im Folgenden werden die häufigsten BPMN-Symbole und ihre Bedeutungen vorgestellt.

Ereignisarten

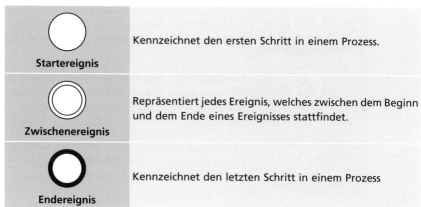

Startereignis	Kennzeichnet den ersten Schritt in einem Prozess.
Zwischenereignis	Repräsentiert jedes Ereignis, welches zwischen dem Beginn und dem Ende eines Ereignisses stattfindet.
Endereignis	Kennzeichnet den letzten Schritt in einem Prozess

Die Benutzung von Start- und Endereignisse wird durch die ISO/IEC 19510:2013 nicht zwingend vorgeschrieben. Aus Gründen der besseren Lesbarkeit empfiehlt es sich, dennoch Start- und Endereignisse zu verwenden.

Ereignissymbole

Jedes Ereignis kann so gestaltet werden, dass eine Konkretisierung des Prozesses vorgenommen werden kann. Hierzu werden im Folgenden häufig verwendete Ereignissymbole am Beispiel der Ereignisart Startereignis bzw. Zwischenereignis dargestellt (vgl. Freund & Rücker, 2017, S. 52 ff.).

Nachrichtensymbol	Auslösen eines Prozesses durch eine Nachricht, wie z. B. eine E-Mail.
Zeitgebersymbol	Eine Uhrzeit oder ein Datum, welche wiederkehrend oder auch einmalig sein können und den Prozess auslösen, wie z. B. Bestandsaufnahme oder Inventur in der Bekleidungs-kammer.
Eskalationssymbol	Ein Prozessschritt reagiert auf eine Eskalation und fließt zu einer anderen Rolle innerhalb der Organisation, wie z. B. Entscheidung durch den Vorgesetzten notwendig.

Bedingungssymbol	Ein Prozess beginnt oder läuft weiter, wenn eine bestimmte geschäftliche Bedingung oder Regel erfüllt ist, wie z. B. Entsenden von Einsatzmitteln bei einem Notfall.
Fehlersymbol	Auslösen oder Unterbrechen eines Prozesses durch einen Fehler, wie z. B. Inbetriebnahme der Rückfallebenen in der Leitstelle nach Ausfall des Einsatzleitsystems.
Abbruchsymbol	Abbrechen eines laufenden Prozesses, wie z. B. Abbrechen der automatischen Sprachdurchsage auf der Feuer- und Rettungswache für eine manuelle Durchsage.

Aktivitätssymbole

Kern eines Prozesses bildet die Aktivität, welche eine Aufgabe innerhalb eines Geschäftsprozesses darstellt. Unter diesem Begriff werden nicht nur Aufgaben verstanden, sondern auch Unterprozesse und Aufrufaktivitäten (vgl. Göpfert & Lindenbach, 2013, S. 13 ff.).

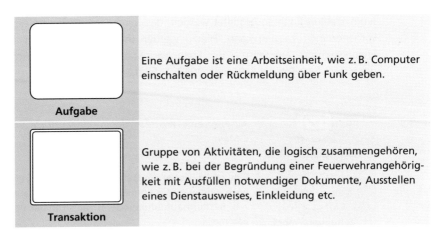

Aufgabe	Eine Aufgabe ist eine Arbeitseinheit, wie z. B. Computer einschalten oder Rückmeldung über Funk geben.
Transaktion	Gruppe von Aktivitäten, die logisch zusammengehören, wie z. B. bei der Begründung einer Feuerwehrangehörigkeit mit Ausfüllen notwendiger Dokumente, Ausstellen eines Dienstausweises, Einkleidung etc.

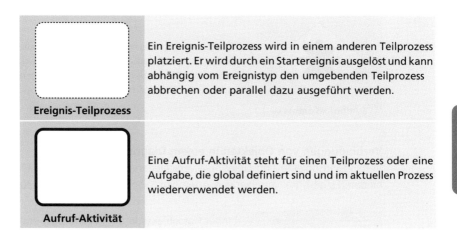

Gateway-Symbole

Gateways sind Symbole, die Flüsse innerhalb eines BPMN-Diagramms trennen und neu kombinieren (vgl. Freund & Rücker, 2017, S. 34 ff.).

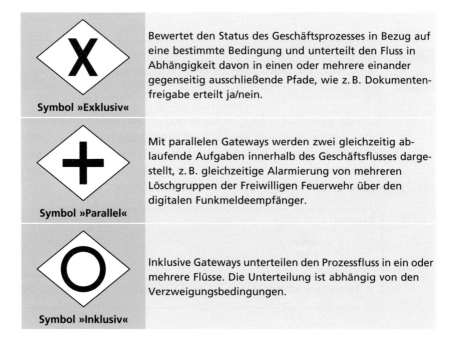

23

Das komplexe Gateway wird benutzt, wenn die anderen Gateways nicht auf den angestrebten Ausdruck des Prozesses passen. Die Festlegung der Bedingungen für den Ablauf müssen klar definiert und dargestellt werden.

Symbol »Komplex«

Verbindungen von Objekten in einem Diagramm

Verbindungsobjekte sind Linien, die verschiedene Flussobjekte untereinander verbinden. Es gibt drei verschiedene Arten (vgl. Göpfert & Lindenbach, 2013, S. 8 f.).

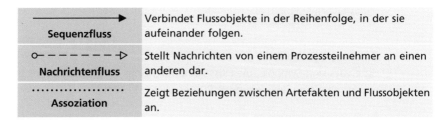

Sequenzfluss	Verbindet Flussobjekte in der Reihenfolge, in der sie aufeinander folgen.
Nachrichtenfluss	Stellt Nachrichten von einem Prozessteilnehmer an einen anderen dar.
Assoziation	Zeigt Beziehungen zwischen Artefakten und Flussobjekten an.

Info:

Einen weiterführenden Überblick über die unterschiedlichen Symbole veranschaulicht das BPMN 2.0 Poster der BPM-Offensive Berlin (vgl. BPM-Offensive, 2017).

Trotz der Vielzahl an unterschiedlichen und umfangreichen Visualisierungsmöglichkeiten kann es durchaus sein, dass sich ein Geschäftsprozess aufgrund fehlender Symbole oder besonderer Bedeutung einzelner Bestandteile nicht abbilden lässt. Aus diesem Grund ermöglicht es BPMN auch eigene Symbole zu entwickeln, die in die eigene Gestaltung mit eingebunden werden können.

Beispiel:

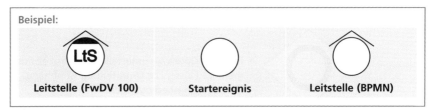

Leitstelle (FwDV 100)	**Startereignis**	**Leitstelle (BPMN)**

Die Symbolik der Leitstelle (LtS) aus der Feuerwehr-Dienstvorschrift 100 (FwDV) wird in Kombination mit der Notation eines Ereignisses in BPMN vereinfacht als »Ereignis mit Dach« dargestellt. Dies ermöglicht es, das neue Symbol »Leitstelle (BPMN)« mit den in BPMN vorhandenen Ereignissymbolen, beispielsweise das Zeitgebersymbol, zu kombinieren und in die Geschäftsprozesse aufzunehmen.

Beispiel:

Auf den Feuer- und Rettungswachen erfolgt die standortbezogene Alarmierung (Wachalarm) der Einsatzkräfte durch eine Klangfolge (Gong) in Verbindung mit einer Sprachdurchsage über den Einsatzort, das Einsatzstichwort, die alarmierten Einsatzmittel sowie ergänzenden Informationen des Disponierenden aus der Leitstelle heraus. Bereits bei der Alarmierung wird durch unterschiedliche Klangfolgen zwischen Einheiten des Brandschutzes und den des Rettungsdienstes unterschieden. Aufgrund der zentralen Bedeutung zur Alarmierung der Einsatzmittel gilt es die bei Ausfall der regulär genutzten Alarmierungswege auf funktionsfähige Rückfallebenen zuzugreifen. Aus diesem Zweck überprüft die Leitstelle jeden Samstag um 12:00 Uhr die auf den Feuer- und Rettungswache verbauten Rückfallebenen. Der positive oder negative Ausgang des Funktionstestes ist der Leitstelle mitzuteilen.

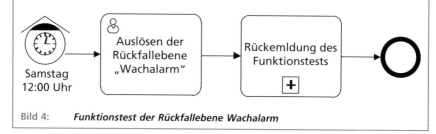

Bild 4:   *Funktionstest der Rückfallebene Wachalarm*

3.2   Grundsätze ordnungsgemäßer Modellierung

Geschäftsprozesse und deren Modellierung besitzen einen hohen Grad an Komplexität und müssen gleichzeitig den Anforderungen gerecht werden, flexibel und dynamisch an neue Situationen angepasst werden zu können (vgl. Obermeier et al., 2014, S. 53). Ihre Inhalte müssen nicht nur fehlerfrei, sondern auch für die unterschiedlichen Zielgruppen so beschrieben werden, dass sie »richtig« sind (vgl. Gadatsch, 2015, S.25). Aus diesem Grund wurden die Grundsätze ordnungsgemäßer Modellierung (GoM) entwickelt, welche Regeln (Grundsätze) für die Erstellung von qualitativ hochwertigen und fehlerfreien Modellen beinhalten (vgl. Scheer, 1998, S. 198 ff.). Diese Grundsätze lauten:

- **Grundsatz der Wirtschaftlichkeit**
  Die Modellierungsaktivitäten stehen in einem angemessenen Kosten-Nutzen-Verhältnis (verhältnismäßiger Aufwand zur Modellierung)
- **Grundsatz der Richtigkeit**
  Der zu beschreibende Sachverhalt wird korrekt wiedergegeben und die Regeln der dazu verwendeten Modellierungssprache werden berücksichtigt (vgl. Karlin, 2016, S. 36)
- **Grundsatz der Relevanz**
  Die Modellierung berücksichtigt nur die für den Zweck relevanten Sachverhalte
- **Grundsatz der Klarheit**
  Der Sachverhalt wird zielgruppengerecht modelliert und kann ohne großen Aufwand gelesen und verstanden werden
- **Grundsatz der Vergleichbarkeit**
  Die Integration eines Modells zur Vergleichbarkeit der Modellierung (z. B. Bewertung von Ist- und Soll-Modellen, Beschreibung der Realität, Verwendung gleichartiger Notationsformen etc.) ist möglich
- **Grundsatz des systematischen Aufbaus**
  Ganzheitliche und konsistente Betrachtung der verschiedenen Sichten eines Prozesses (z. B. Datensicht, Organisationssicht etc.)

Um die GoM auch in der Praxis anwenden zu können, bedarf es weiterer Ausgestaltungen in Form von operativ umsetzbaren Handlungsanweisungen und Vorgaben (vgl. Karlin, 2016, S. 37 f.). Hierzu ist, basierend auf dem Modellierungsziel, zunächst festzulegen, welche Sachverhalte, beispielsweise Kernprozesse auf Prozessmodellbasis, modelliert werden sollen. In Kapitel 5 »Fallstudie anhand der Feuerwehr Musterstadt« werden exemplarische Ziele und Vorgehensweisen in einer konkreten Umsetzung beschrieben.

3.3   Analyse und Optimierung von Prozessen

Externe Einflussgrößen, wie beispielsweise die sich aus einer Kooperation mit neuen Partnern ergebenden Anforderungen, technische und technologische Entwicklungen oder auch Änderungen in den gesetzlichen Vorgaben, führen dazu, dass die eigene Position im Vergleich zu den übrigen Wettbewerbern korrigiert, angepasst oder in

Situationen mit erheblichem Einfluss und Einschränkungen radikal überdacht werden muss. Änderung in der Unternehmensstrategie oder gravierende Änderungen der Unternehmensstruktur führen dazu, dass bisherige Geschäftsprozesse nicht mehr strategiekonform ausgerichtet sind (vgl. Schmelzer & Sesselmann, 2013, S. 410 f.). In solchen Fällen besteht die Notwendigkeit, diese grundlegend zu überdenken und zu erneuern. Als eine sich in der Praxis bewährte Methode bietet sich das Business Process Reengineering (BPR) an. Unter Business Process Reengineering (zu dt. Geschäftsprozessneugestaltung) wird der Ansatz verstanden eben diese Geschäftsprozesse von Grund auf neu zu gestalten, sodass Unternehmen von einer funktionalen zu einer prozessorientierten Organisation transformiert werden (vgl. Mohapatra, 2013, S. 214). Die Geschäftsprozessneugestaltung stellt dabei eine übergeordnete, organisatorische Maßnahme dar, mit dem Ziel, die Unternehmensprozesse tiefgreifend zu analysieren, um so im Wesentlichen Verbesserungen vor dem Hintergrund der Informations- und Kommunikationstechnologie zu erreichen (vgl. Gadatsch, 2017, S. 32 f.). Wichtige Merkmale von BPR sind (vgl. Schmelzer & Sesselmann, 2013, S. 411):

- Fundamentales Überdenken aller Aufgaben und Abläufe,
- Radikales Redesign aller Strukturen und Verfahrensweisen,
- Nutzung der Möglichkeiten der Informationstechnologie
- und Quantensprünge der Prozessperformance (Prozesszeit, -kosten, -qualität).

Die wesentliche Ausgangsfrage des BPR ist »Wie würden wir vorgehen, wenn wir noch einmal ganz von vorne beginnen können?« (Gadatsch, 2013, S. 10 ff.).

Merke:

Business Process Reengineering ist eine Maßnahme, die erhebliche Personalressourcen und eine intensive Koordination erfordert. Aus diesem Grund ist bei der Durchführung des BPR der Fokus auf die Geschäftsprozesse zu legen, die eine hohe strategische Bedeutung besitzen und gleichermaßen hohe Risiken und Performancedefizite aufweisen.

Von hoher strategischer Bedeutung sind hierbei die Kernprozesse. Der prozessorientierte Ansatz geht davon aus, dass organisatorisch zusammengehörige Teilaufgaben zu einem Prozess zusammengefasst werden, um ein bestimmtes Ergebnis zu erreichen. In der konsequenten Anwendung ersetzt die Geschäftsprozessneugestaltung die traditionelle funktionsorientierte Betrachtungsweise der betrieblichen Ablauforganisation. Die Anwendung der Geschäftsprozessneugestaltung wird durchgeführt, um die ablauf- und aufbaubezogene Organisationsstruktur insgesamt wirtschaftlicher und flexibler zu gestalten (vgl. Gadatsch, 2017, S. 36 f.). Im Gegensatz zur Geschäftsprozessoptimierung geht es nicht um die Optimierung bestehender Prozesse, sondern darum grundlegende Neuformulierungen vorzunehmen. Grundsätzlich bietet die Geschäftsprozessneugestaltung mehr Optimierungschancen, birgt aber auch höhere Risiken. Beiden Konzepten gemein ist die Tatsache, dass es sich um eine Daueraufgabe handelt (vgl. Gadatsch, 2013, S. 36 f.).

3.4   Möglichkeiten zur Restrukturierung von Prozessen

Geschäftsprozessoptimierung beschreibt die Gesamtheit aller Aktivitäten und Entscheidungen, die zur Verbesserung von Geschäftsprozessen beitragen (vgl. Gadatsch, 2015, S. 27 f.). Die Rekonstruktion von Prozessen erfolgt in unterschiedlichen Formen und greift im klassischen Sinn auf die sieben Konzepte

1. Weglassen,
2. Auslagern,
3. Zusammenfassen,
4. Parallelisieren,
5. Verlagern,
6. Beschleunigen
7. und Ergänzen

zurück.

Neben diesen sieben Konzepten ist in der Literatur ein weiteres, achtes Konzept zu finden, welches mit »Automatisieren« bezeichnet wird. Hinter dem »Automatisieren« verbergen sich jedoch die Ansätze der übrigen Konzepte. Für jeden Prozess gilt es individuell zu prüfen, ob und wenn ja welches Konzept geeignet ist, den eigentlichen Ausgangsprozess zu verbessern (vgl. Füermann & Dammasch, 2008, S. 71 f.), denn je größer und komplexer ein Prozess wird, desto verzahnter greifen andere Prozesse ein, die aufgrund von nicht bedachten Änderungen wechselseitig negative Auswirkungen aufeinander besitzen können (vgl. Obermeier et al., 2014, S. 81).

Die Konzepte der Restrukturierung werden auf dem folgenden, vereinfachten Basisprozess angewandt:

Bild 5:   *Basisprozess für die Konzepte der Restrukturierung*

Weglassen

Das Konzept »Weglassen« sieht es vor, alle Aufgaben und Teilprozesse hinsichtlich ihrer Notwendigkeit zu beurteilen und überflüssige abzuschaffen (vgl. Füermann & Dammasch, 2008, S. 85). Klassisches Beispiel sind vorhandene Medienbrüche oder nicht sinnvolle Genehmigungsprozesse.

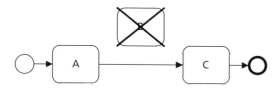

Bild 6:   *Restrukturierung von Prozessen Konzept »Weglassen«*

Auslagern

Für das Konzept »Auslagern« werden Prozessketten oder Teilprozesse an andere, spezialisierte Dienstleister vergeben (vgl. Füermann & Dammasch, 2008, S. 84). Viele Feuerwehren vergeben die Dienstleistung zur Reinigung der Einsatzdienstkleidung an Fachfirmen, sodass die Transportlogistik, das Fachwissen und notwendige Waschmaschinen nicht beschafft werden müssen.

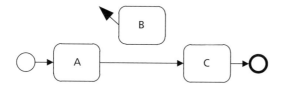

Bild 7:   *Restrukturierung von Prozessen Konzept »Auslagern«*

Zusammenfassen

Für das Konzept »Zusammenfassen« gilt es arbeitsseitige Aufgaben so zu gestalten, dass sie durch einen Bearbeitenden ohne Bearbeitendenwechsel durchgeführt werden können (vgl. Füermann & Dammasch, 2008, S. 77). In der Praxis bedeutet dies beispielsweise, die Ausgabe von Bekleidungsstücken und den Auftragsabschluss durch einen Bearbeitenden in der Bekleidungskammer durchzuführen.

Bild 8:   *Restrukturierung von Prozessen Konzept »Zusammenfassen«*

Parallelisieren

Das Konzept »Parallelisieren« besagt, dass Arbeitsschritte, die bisher nachgelagert erledigt wurden, parallel abgewickelt werden (vgl. Füermann & Dammasch, 2008, S. 79). Übertragen auf die Feuerwehr können zur Suche eines geeigneten Ersatzes für einen erkrankten Mitarbeiter mehrere Kommunikationskanäle bedient werden.

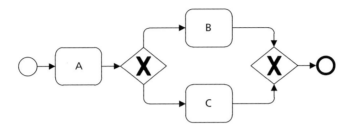

Bild 9:   *Restrukturierung von Prozessen Konzept »Parallelisieren«*

Verlagern

Das Konzept »Verlagern« wird dazu genutzt, Arbeitsschritte zu einem früheren Zeitpunkt zu erledigen, sodass eine Engstelle vermieden werden kann, beispielsweise durch die vollständige Erfassung aller für die Abrechnung eines Einsatzes relevanten Einsatzinformationen, bevor dieser in die Gebührenstelle übergeben wird.

Bild 10:   *Restrukturierung von Prozessen Konzept »Verlagern«*

Beschleunigen

Für das Konzept »Beschleunigen« werden Arbeitsmittel bereitgestellt, deren Aufgabe es ist, die Bearbeitenden so zu unterstützen, dass Arbeitsschritte zeitlich gesehen schneller durchgeführt werden können (vgl. Füermann & Dammasch, 2008, S. 88), beispielsweise durch vorausgefüllte Formulare. Eine weitere, in der Feuerwehr bekannte Umsetzung des Konzeptes ist die Verwendung des »Voralarms«, zur Beschleunigung der Ausrückezeiten im Dispositionsprozess. Die Beschleunigung wird in Form eines gestuften Alarmierungsverfahrens umgesetzt, in dem bereits während der Erfassung aller einsatzrelevanten Daten durch den Disponierenden in der Leitstelle über eine Grobe Eingrenzung der zuständigen Einheiten eine erste Alarmierung erfolgt. Die Übermittlung der real benötigten Daten (z. B. Adresse,

Eröffnungsstichwort etc.) erfolgt nach Abschluss der Notrufannahme über eine Alarmierungsmeldung (z. B. Alarmausdruck, Funkmeldeempfänger etc.) und/oder über Funk.

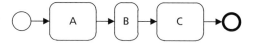

Bild 11:   *Restrukturierung von Prozessen Konzept »Beschleunigen«*

Ergänzen
Ergänzungen werden durchgeführt, um nachgelagerte Prozesse, die der Schaden-beseitigung dienen, zu vermeiden (vgl. Füermann & Dammasch, 2008, S. 75), z. B. Vier-Augen-Prinzip bei einem komplexen Reparaturauftrag in der Kfz-Werkstatt.

Bild 12:   *Restrukturierung von Prozessen Konzept »Ergänzen«*

3.5   Prozessstandardisierung und Prozessmodelle

Standardisierung von Geschäftsprozessen

Prozessstandardisierung bedeutet innerhalb der Organisation eine einheitliche und durchgängige Prozesslandschaft zu schaffen, um den Leistungsaustausch zwischen den Abteilungen und Organisationseinheiten sowie den ex- und internen Kunden transparent und effizient steuern zu können (vgl. Schmelzer & Sesselmann, 2013, S. 237 ff.). Dabei gilt es einheitliche Richtlinien, die den Ablauf, die Verantwortlich-keiten und die grundsätzlichen Rahmenbedingungen beschreiben, zu schaffen. Gegenstand der Standardisierung sind die Geschäftsprozesse selbst sowie Metho-den, Werkzeuge, Verfahren und Vorgehensweisen für deren Gestaltung, Controlling und Optimierung (vgl. Schmelzer & Sesselmann, 2013, S. 237). Hierfür sind Systeme notwendig, die neben den allgemeinen Grundlagen auch die spezielleren Abläufe und Richtlinien berücksichtigen können. Insbesondere bei einer Vielzahl von Stand-orten mit nahezu deckungsgleichen Aufgaben besteht die Notwendigkeit, Prozesse zu vereinheitlichen und so die Qualität, Effizienz und Effektivität zu steigern, sodass ein immer gleiches Ergebnis erzeugt wird.

Für die Standardisierung bieten sich Geschäftsprozesse an, deren Strukturierungs- und Wiederholungsgrad hoch sind. Bei diesen Prozessen können durch Standardisierung unter anderem Fehler und Leerläufe vermieden werden.

> **Merke:**
> Die Standardisierung von Geschäftsprozessen ermöglicht nicht nur einheitliche Abläufe mit überprüf- und vergleichbaren Ergebnissen, sondern auch den notwendigen Wissenstransfer und -erhalt für das Tagesgeschäft, beispielsweise bei der Einarbeitung neuer Dienstkräfte oder dem Wechsel zu einer anderen Feuer- und Rettungswache bzw. Löschgruppe.

Prozessmodelle

Prozessmodelle beschreiben auf einer abstrakten Ebene, wer welche Aufgaben mit welchen Hilfsmitteln in welcher Reihenfolge auszuführen hat, um ein bestimmtes Ergebnis zu erreichen (vgl. Obermeier et al., 2014, S. 97). Sie stellen somit die chronologisch-sachlogische Abfolge von Funktionen beziehungsweise Tätigkeiten dar. Das Ergebnis hat einen Nutzen für einen internen oder externen Kunden und kann auf verschiedene Weisen beschrieben werden (vgl. Kapitel 3.1).

> **Beispiel:**
>
> Externe Kunden
> Der Prozess der Notrufannahme, Fahrzeugdisposition und der Einsatzbearbeitung in der Leitstelle ist nicht nur ein Kernprozess in der Leitstelle, sondern besitzt gleichzeitig den größten Nutzen für den Kunden, die hilfeersuchende Person. Die hierfür verwendeten Hilfsmittel reichen von dem »einfachen« Telefon zur fernmündlichen Notrufannahme bis hin zur softwaregestützten Disposition im Einsatzleitsystem und der zusätzlich angebundenen Techniken wie die digitale Alarmierung.
>
> Interne Kunden
> Bei der Einstellung neuer Dienstkräfte ist ein Kernprozess in der Bekleidungskammer die Einkleidung. Hierzu werden neben softwaregestützten Hilfsmitteln wie ein zentrales Managementsystem gleichzeitig Bekleidungsmuster bereitgestellt, die der richtigen Größenermittlung dienen, bevor die Bekleidung auf die Dienstkraft gebucht wird. Der Nutzen des internen Kunden ist die Bereitstellung von passender Dienstkleidung.

Im Mittelpunkt der Prozessmodelle liegt das gemeinsame und einheitliche Verständnis über die eigene Organisation. Zu den Hilfsmitteln der Geschäftsprozesse zählt insbesondere die Verwendung der zur Abarbeitung notwendigen IT-Anwendungen (vgl. Obermeier et al., 2014, S. 98).

Prozessmodelle ausführen (mit IT)

Die Ausführung eines Geschäftsprozesses mit Hilfe von Informationstechnologie wird als Workflow bezeichnet (vgl. Obermeier et al., 2014, S. 110 f.). Abhängig von dem Grad der IT-Unterstützung und deren Art, wie ein Prozessmodell in einem Workflow überführt wird, wird zwischen mehreren Varianten unterschieden. Die einfachste Form ist die Benutzung einer Art Checkliste, in der eine bestimmte Reihenfolge abgearbeitet wird. Die Personen, die in diesem Workflow involviert sind, führen manuelle Tätigkeiten aus, welche es im Vorfeld zu beschreiben und anschließend zu Kontrollieren gilt.

> **Beispiel:**
>
> Bei der Alarmierung zum Einsatz »Massenanfall von Verletzten« (MANV) schlägt das Einsatzleitsystem die Maßnahmen vor, die Amtsleitung und Presse zu informieren sowie das mobile Alarmierungssystem zur Besetzung der Feuerwehreinsatzleitung auszulösen. In der Leitstelle werden die Maßnahmen durch die Mitarbeitenden in der Leistelle manuell abgearbeitet.

Bei der Durchführung der manuellen Prozesse werden häufig Hilfsmittel wie Textverarbeitungs-, Tabellenkalkulations- oder weitere Anwendungsprogramme genutzt. Eine weitere Methode ist die isolierte IT-Anwendung, bei denen einfache Datenbankaufrufe genutzt werden. Diese können einfache Datenbankanwendungen sein, die einen bestimmten Teilprozess implementieren.

> **Beispiel:**
>
> Zur Ablösung des Personals in der Feuerwehreinsatzleitung wird eine Anwendung mit den Kontaktdaten und Qualifikationen vorgehalten, die bei längeren Einsatzlagen herangezogen wird.

Ein Problem der isolierten IT-Anwendungen ist, dass in den Datenbankanwendungen keine expliziten Prozesse abgebildet werden können, Medienbrüche entstehen und auch ein übergeordnetes Konzept fehlt. Eine weitaus integrativere Umsetzung erfolgt in Form von Workflow-Systemen, bei denen weiterführende Informationen für die IT-Anwendungen bereitgestellt werden und eine Aussage über den Bearbeitungszustand in dem sich ein Geschäftsvorfall befindet, getätigt werden kann.

> **Beispiel:**
>
> Zur Bearbeitung der gesetzlich vorgeschriebenen Brandverhütungsschau (§ 26 BHKG) wird in der Abteilung Gefahrenvorbeugung (vgl. Bild 17) ein Dokumentenmanagementsystem mit der Funktionalität eines im Hintergrund arbeitenden Workflow-Systems eingesetzt. Zu jedem Zeitpunkt kann überprüft werden, ob die Brandverhütungsschau geplant wurde, sie sich in Bearbeitung befindet oder bereits abgeschlossen wurde.

Neben dem Workflow-System existiert heutzutage ein weiterer Ansatz, die so genannte Serviceorientierte Architektur (vgl. Kapitel 6.3). Bei der Serviceorientierten Architektur werden in Anlehnung an die Geschäftsprozesse einer Organisation verschiedene Dienste bereitgestellt, die durch unterschiedliche Anwendungen genutzt und in komplexere Strukturen eingebunden werden können (vgl. Rotem-Gal-Oz, 2012, S. 4 ff.).

3.6   Umsetzung von Prozesscontrolling

Mit dem Prozesscontrolling wird das Führungskonzept zur Planung und Kontrolle von Geschäftsprozessen sowie die dafür notwendige Informationsversorgung und Koordination bezeichnet, welche es ermöglicht, adäquat, zeitnah und mit effizientem Ressourceneinsatz der kontinuierlichen Entwicklung aufgrund geänderter Einflussfaktoren fortlaufend zu begegnen (vgl. Gadatsch, 2015, S. 31). Unterschieden wird Prozesscontrolling häufig in operatives und strategisches Prozesscontrolling. Die Zielsetzung des Controllings besteht darin, über Prozesse benutzergruppenspezifisch zu informieren, Transparenz hinsichtlich der Beteiligten zu schaffen und mögliche Optimierungsmaßnahmen zu finden und letztendlich in der Organisationsstruktur zu implementieren. Ein typisches Instrument im Prozesscontrolling ist die Anwendung von Kennzahlen (Kennzahlensystem). Durch die Verwendung von Kennzahlen können Schwachstellen aufgedeckt werden und festgestellt werden, ob Prozesse effizient sind oder eben nicht (vgl. Gadatsch, 2015, S. 31 ff.).

Prozesskennzahlen lassen sich in verschiedene Kategorien gliedern und geben Auskunft über die Qualität und Wirtschaftlichkeit (Ergebniskennzahlen), Erreichen des gewünschten Ergebnisses (Steuerungskennzahlen), Bewertung der unerwünschten Einflüsse (Störungskennzahlen), Bewertung der notwendigen Informationen und Anforderungen (Input- und Lieferantenkennzahlen), Erfüllung der Erwartungen (Effektivitätskennzahlen), Betrachtung der Kostenseite (Effizienzkennzahlen) und Beziehungen zu den in- und externen Lieferanten (Lieferantenkennzahlen) (Prozesskennzahlen im Unternehmen. Kennzahlen zur Prozessanalyse, 2019). Das Prozesscontrolling steht in einem engen Zusammenhang mit dem Geschäftsprozessmanagement und stellt ein wesentliches Element dar.

3

4 Vorgehen zur Integration des Geschäftsprozessmanagements

In dem folgenden Kapitel wird ein allgemeiner Überblick über die Vorgehensweise zur Einführung eines Geschäftsprozessmanagements von der Identifikation der Geschäftsprozesse bis hin zur Integration von notwendigen Instanzen in der Organisationseinheit gegeben.

4.1 Die eigene Organisation verstehen

Für die Umsetzung eines geeigneten Geschäftsprozessmanagements ist es von Bedeutung, die eigene Organisation und die jeweiligen Schwerpunkte in der Ausrichtung der Organisationseinheiten zu verstehen. Ähnlich wie ein Modellierungskonzept bildet die Organisationsstruktur ein System von Regelungen. Dabei bildet die Organisationsstruktur »das vertikal und horizontal gegliederte System der Kompetenzen ab, das gemäß dem instrumentalen Organisationsbegriff als genereller Handlungsrahmen die arbeitsteilige (Arbeitsteilung) Erfüllung der permanenten Aufgaben regelt« (Springer Gabler, 2019). Die häufigste Form der Organisationsstruktur ist die Linienorganisationsstruktur. In dieser Form der Organisation sind die einzelnen Bereiche häufig entsprechend der auszuführenden Funktionen gegliedert (vgl. Obermeier et al, 2014, S. 99). Bild 13 zeigt ein einfaches Beispiel für eine Linienorganisation.

Die Organisation besteht aus der Organisationsleitung und den drei Abteilungen A, B und C mit der entsprechenden Leitung. In der Abteilung A werden die Aufgaben der Planung und der Forschung verfolgt. Für die Durchführung der Planung sind der Mitarbeiter D und die Mitarbeiterin E zuständig. In der Abteilung B werden die zur Produktion benötigten Ressourcen durch den Einkauf beschafft und in der Produktion für die Fertigung von Gütern verarbeitet. Abteilung C ist für den Verkauf der Güter sowie die fach- und sachgerechten Lagerung zuständig.

Bild 13:   *Beispiel Linienorganisation einer Organisationseinheit*

Eine weitere Organisationsform ist die Produktlinienorganisation. Bei der Produktlinienorganisation orientiert sich der jeweilige Hauptbereich an Produkten oder Produktgruppen (Obermeier et al, 2014, S. 99). Mit dieser Aufteilung gelingt eine spezifische Ausrichtung der jeweiligen Bereiche. Bild 14 zeigt ein Beispiel für die Produktlinienorganisation.

Bild 14:   *Beispiel Produktlinienorganisation einer Organisationseinheit*

Die Organisationseinheit besteht aus der Organisationsleitung und einer Stabsstelle Verwaltung, die sich um die für alle Produkte anfallenden, übergreifenden Tätigkeiten kümmert. Insgesamt werden in der Organisation drei Produkte durch vier Mitarbeitende gefertigt.

Im Zusammenhang mit dem öffentlichen Dienst wird oftmals von der »Aufbau- und Ablauforganisation« gesprochen, wobei das grundsätzliche Verständnis der Aufbauorganisation dem der Linien- und das der Ablauforganisation dem der Produktlinienorganisation gleicht (BMI, 2019). Konkret wird die Aufbauorganisation dabei als das hierarchische Gerüst einer Organisation bezeichnet, in dem festgelegt wird, welche Aufgaben von welcher Person übernommen werden (vgl. Mangler, 2013, S. 8 f.). Gegenstand der Aufbauorganisation sind somit insbesondere die Bereiche der Zusammenfassung von (Teil)Aufgaben zur Erledigung durch eine Person, Zuordnung der Aufgaben auf eine Person in Form von Stellenbildung und Gestaltung der Kommunikations- und Leitungsbeziehungen. Die Ablauforganisation hingegen orientiert sich an der Gestaltung der Arbeitsabläufe, die raum-zeitliche Strukturierung dieser Aufgaben sowie die der Aufgabenfolge.

Die Abarbeitung von Aufgaben innerhalb der Feuerwehr erfolgt auf unterschiedliche Arten und an unterschiedlichen Stellen. Hier lassen sich Abteilungen, Sachgebiete oder Sachgruppen identifizieren, die eher serviceorientiert, produktorientiert oder konzeptionell tätig werden.

Beispiel: Abteilung Informationssysteme

Die Abteilung Informationssysteme ist für die Sicherstellung des Betriebes der IT-Infrastruktur sowie dem technischen Betrieb von Softwareprodukten zuständig. Zu den Aufgaben zählt neben der Weiterentwicklung der IT-Infrastruktur die Wahrnehmung des IT-Supports für die eingesetzten Softwareprodukte auf den Support-Leveln des 1st-, 2nd- und 3rd-Level-Supports (»einfache«, »erweiterte« und »spezielle« Unterstützung). Die Weiterentwicklung der IT-Infrastruktur ist eine konzeptionelle Ausrichtung. Die Wahrnehmung des Supports zur Störungs- und Fehlerbeseitigung ist serviceorientiert.

Beispiel: Abteilung Aus- und Fortbildung

In der Abteilung Aus- und Fortbildung liegt der Schwerpunkt, wie der Name bereits verlauten lässt, darin, Personal zu qualifizieren und entsprechend weiterzubilden. Hierzu werden verschiedene Lehrgänge wie der »Grundausbildungslehrgang«, die »Rettungsdienstfortbildung« oder die Ausbildung zum »Drehleitermaschinist« angeboten. Die Gestaltung der verschiedenen Aus- und Fortbildungen selbst ist konzeptioneller Ausrichtung. Bei den Lehrgängen selbst handelt es sich um einzelne Produkte aus den Produktgruppen Brandschutz oder Rettungsdienst.

4.2   Identifikation und Dokumentation von Geschäftsprozessen

Am Anfang des Geschäftsprozessmanagements steht die Identifikation der Geschäftsprozesse (vgl. Schmelzer & Sesselmann, 2013, S. 237). Die Identifikation beantwortet die Frage, welche Geschäftsprozesse eine Organisationseinheit benötigt, um die verschiedenen Aufgaben zu erfüllen und um die eigenen Ziele zu erreichen. Diese Ergebnisse sind grundlegend und von großer Bedeutung für das gesamte Geschäftsprozessmanagement. Bei der Identifikation von Prozessen wird zwischen der Soll-orientierten (»Top-Down-Ansatz«) und der Ist-orientierten (»Bottom-Up-Ansatz«) Prozessidentifikation unterschieden (vgl. Schmelzer & Sesselmann, 2013, S. 139 ff.). Die Soll-orientierte Prozessidentifikation geht von einer übergeordneten Strategie der Organisationseinheit aus. Aus der Strategie lässt sich ableiten, welche Geschäftsprozesse benötigt werden, welcher Prozesskategorie sie angehören und welche Prozessziele verfolgt werden. Damit der Top-Down-Ansatz verfolgt werden kann, wird vorausgesetzt, dass eine Strategie existiert. Zur Umsetzung des Top-Down-Ansatzes sind folgende Schritte notwendig:

1. Identifikation der Kernprozesse in einem Workshop durch Prozesskurzbeschreibungen
2. Konkretisierung der einzelnen Schritte in Teilprozesse, Prozessschritte und gegebenenfalls Arbeitsschritte und Aktivitäten
3. Identifikation der Unterstützungsprozesse in einem Workshop durch Prozesskursbeschreibungen
4. Konkretisierung der einzelnen Schritte in Teilprozesse, Prozessschritte und gegebenenfalls Arbeitsschritte und Aktivitäten

Die unter den Punkten 1 und 4 erkannten Verbesserungsmöglichkeiten während der Workshops werden direkt in den Soll-Prozessen berücksichtigt. Im Gegensatz zu der Ist-orientieren Prozessidentifikation werden bei dem soll-orientierten Ansatz Ermittlungen des Ist-Zustandes nur in einem begrenzten Umfang durchgeführt. Ein charakteristisches Zeichen des Top-Down-Ansatzes ist, dass sich diese Vorgehensweise nicht an der bestehenden Aufbauorganisation mit den verschiedenen Funktions- und Abteilungsstrukturen orientiert, sonden die tatsächlichen Abläufe in den Mittelpunkt stellt.

Der Bottom-Up-Ansatz basiert auf einer bestehenden Aufbauorganisation und definiert Prozesse innerhalb der Organisationseinheiten. Das Bottom-Up-Vorgehen besteht aus den Stufen (vgl. Scheer & Jost & Wagner, 2005, S. 54 ff. und 73 f.):

4

1. Erhebung und Modellierung der Ist-Prozesse
2. Schwachstellenanalyse der Ist-Prozesse
3. Modellierung von Soll-Prozessen, die eine Bereinigung der identifizierten Schwachstellen erfahren haben

Die Erhebung und Analyse der Ist-Prozesse wird durchgeführt, um einen Überblick über die eigenen Tätigkeiten zu erhalten, Transparenz in die Prozesse zu bringen und Schwachstellen ausfindig zu machen, sodass optimierte Abläufe mit einer höheren Effizienz gestaltet werden können.

Wesentliche Kritikpunkte des Ist-orientieren Ansatzes sind neben dem erheblichen Zeit- und Kostenaufwand für die Modellierung, die Beschränkung der Prozesse aufgrund der Orientierung an den Abteilungs- und Organisationsgrenzen, die Fehlende Identifikation von Redundanzen zu vergleichbaren Prozessen, die Fehlende Hinterfragung der hinter den Ist-Zuständen stehenden Prinzipien und insbesondere die Durchgängigkeit der Geschäftsprozesse über die Abteilungen, Funktionen und gegebenenfalls Organisationseinheiten hinaus (vgl. Schmelzer & Sesselmann, 2013, S. 141 f.).

Praxis-Tipp:

Obwohl der Top-Down-Ansatz für die Identifizierung von Geschäftsprozessen der bessere Weg ist, sollte auch die Wirkung des Prinzips »Best practice« nicht vergessen werden. Hierbei geht es um bewährte, optimale beziehungsweise vorbildliche Methoden, Praktiken oder Vorgehensweisen, die der Top-Down-Ansatz nur bedingt kennen kann und die erst durch die Verwendung des Bottom-Up-Ansatzes erkannt werden können.

Nicht alles was bereits getan wird, ist schlecht. Oftmals fehlt eine Harmonisierung der verschiedenen Bereiche und Schnittstellen untereinander.

Neben der Vorgehensweise zur Identifikation von Prozessen ist die einheitliche Erhebung und Beschreibung von gleichgroßer Bedeutung. Die Prozesserhebung umfasst dabei das Sammeln von prozessrelevanten Informationen wie Aufgaben, Verantwortlichkeiten, Zeiten und Mengen zur anschließenden Beschreibung (vgl. Obermeier et al, 2014, S. 53 ff.). Für alle Beschreibungen gilt, dass diese verständlich und durchgängig verwendet werden sollen, das heißt, es ist auf einen adressatengerechten und einheitlichen Sprachgebraucht zu achten. Zur Beschreibung der Prozesse existieren die drei Möglichkeiten textuell, tabellarisch und visuell. Die textuelle Beschreibung von Prozessen ist die einfachste Form, stellt aber dennoch die unübersichtlichste Art dar. Die für den Prozess relevanten Informationen werden in einen Fließtext gefasst und sind bei umfangreicheren Prozessen unübersichtlich und nicht mehr leicht verständlich. Für eine erste Erhebung und Beschreibung von Prozessen eignet sich die tabellarische Form. Bei der tabellarischen Form werden die für den Prozess relevanten, übergeordneten Informationen auf einem Blick dargestellt. Tabelle 1 zeigt eine einfache Möglichkeit tabellarischen Erfassung.

Tabelle 1: *Muster einer tabellarischen Prozesserhebung, einzelnes Formular*

Organisationseinheit		Prozesskategorie		Erstellung am	Prüfung am
Prozessname		Prozessnummer		Erstellung	Prüfung
Auslöser		Dauer		Ergebnis(se)	
Prozessbeschreibung					
Prozessverantwortlicher		Beteiligte		Zu informieren	
Beschreibung/Anmerkung		Beschreibung/Anmerkung		Beschreibung/Anmerkung	
Prozess-schritt	Verant-wortlich	Input	Output	IT-Einsatz	Messgröße
Bemerkung					

Neben den selbsterklärenden Angaben zu Organisationseinheit (OE) oder zum Prozessnamen ist die Zuordnung der Prozesskategorie in Führungs-, Kern- oder Unterstützungsprozess für die Erhebung und das spätere Management relevant. Durch eine einheitliche Nummerierung mittels Prozessnummer ist, obwohl nicht alle Prozesse bekannt sein müssen, ersichtlich, welche Prozesse zentrale Bestandteile der Organisationseinheit darstellen und welche der Unterstützung dienen. Für einen Prozess ist immer ein Prozessverantwortlicher zu benennen, der als Ansprechpartner und Verantwortungsträger dient.

Werden Prozesse komplexer, stößt auch die tabellarische Beschreibung an ihre Grenzen. Insbesondere bei einer Vielzahl an Verzweigungen oder parallelen Abläufen lässt sich dies nur äußerst schlecht in einer Tabelle abbilden. Aus diesem Grund empfiehlt es sich, diese Prozesse visuell aufzubereiten (vgl. Kapitel 3). Gleichzeitig ist darauf zu achten, dass die für den Prozess relevanten zusätzlichen Informationen wie Prozessverantwortlicher oder Prozessnummer nicht vergessen werden.

Praxis-Tipp:

Bei der realen Erhebung und Dokumentation von Geschäftsprozessen eignet es sich eine Kombination aus tabellarischer und visueller Beschreibung. Die visuelle Beschreibung ist zeit- und kostenintensiv, sodass der Fokus auf die zu beschreibenden Prozesse aus der Kategorie Kernprozesse gelegt werden sollte. Für die Beschreibung der Unterstützungsprozesse eignet sich in der Regel die tabellarische Form.

4.3   Geschäftsprozessmanagement- und Geschäftsprozessbewertung

Zur Bewertung von Geschäftsprozessen oder des Geschäftsprozessmanagements werden so genannte »Prozessassessments« durchgeführt. Hierbei handelt es sich um die Identifikation von Stärken, Schwächen, Problemen in den Geschäftsprozessen und deren Verbesserungsmöglichkeiten (vgl. Schmelzer & Sesselmann, 2013, S. 357). Prozessassessments können der »Kontrolle« im Führungsvorgang der FwDV 100 gleichgesetzt werden. Wie im Führungsvorgang gilt es die »Wirksamkeit der Maßnahmen« zu überprüfen und gegebenenfalls nachzusteuern.

Im klassischen Sinne werden zur Bewertung eines Geschäftsprozesses verdichtete Informationen, die so genannten Kennzahlen, herangezogen, deren Aussagekraft für die Art und den Umfang des jeweiligen Prozesses von großer Bedeutung ist.

Beispiel:

Durch statistische Einsatzzahlen wird für das festgelegte Schutzziel

… in 95 % der Fälle erreichen 8 Funktionen mit einem Hilfeleistungslöschgruppenfahrzeug (HLF) und einer Drehleiter (DL) in maximal 8 Minuten den Einsatzort …

der tatsächliche Erreichungsgrad bestimmt, sodass die erhobene Kennzahl »Erreichungsgrad« als Bemessungsgrundlage zur Brandschutzbedarfsplanung herangezogen werden kann.

Tabelle 2:   *ISO/IEC 15504 Reifegradmodell*

Stufe	Fähigkeit	Charakteristika
5	optimiert	Prozess ist auf Geschäftsebene abgestimmt Prozess wird kontinuierlich verbessert und innoviert
4	vorhersagbar	Prozess ist umfassend und konsistent eingeführt Prozess erreicht Ergebnisse innerhalb definierter Grenzen
3	etabliert	Prozess ist etabliert Prozess beruht auf einem Prozessstandard
2	gemanagt	Prozess wird geplant und überwacht Prozessverantwortlichkeiten sind definiert
1	durchführbar	Prozess ist implementiert und wird durchgeführt Ergebnisse sind erkennbar
0	unvollständig	Prozess ist nicht eingeführt Ergebnisse sind nicht erkennbar

Vielfach werden Prozessassessments als Selbstbewertung durchgeführt. »Die Selbstbewertung ist eine umfassende und systematische Bewertung der Tätigkeiten einer Organisation und ihrer Leistungen in Bezug auf den Reifegrad« (ISO 9004:2009, Abschnitt 8.3.4). Liegen keine verwertbaren statistischen Daten, Kennzahlen oder Beschreibungen der Abläufe vor, gestaltet es sich schwierig, eine qualitative Beurteilung vorzunehmen. Um Auskunft über den Entwicklungsstand und das Entwicklungspotenzial von Geschäftsprozessen beziehungsweise dem Geschäftsprozessmanagement zu erhalten, wird der so genannte »Reifegrad ermittelt« (Schmelzer & Sesselmann, 2013, S. 357 ff.). Durch den Vergleich mit dem Reifegradmodell werden anhand von Bewertungsobjekten Schwachstellen aufgezeigt und Möglichkeiten zur Steigerung der Reife aufgezeigt. Die Internationale Organisation für Standardisierung (ISO) beschreibt in der deutschen Fassung »DIN EN ISO 9004:2018-08 Qualitätsmanagement – Qualität einer Organisation – Anleitung zum Erreichen nachhaltigen Erfolges« ein Werkzeug »für die Bewertung des Reifegrades [...] (von) Prozessen [...], um Stärken und Schwächen sowie Verbesserung und Innovationsmöglichkeiten zu ermitteln«. In der Norm werden die verschiedenen Bereiche »Strategie und Politik«, »Managen von Ressourcen«, »Prozessmanagement«, »Überwachung, Messung, Analyse und Bewertung« und »Verbesserung, Innovation und Lernen« sowie Erläuterungen der zu betrachtenden Aspekte im normativen Anhang beschrieben. Für die Beurteilung des Reifegrades wird ein Modell mit jeweils fünf Graden verwendet (vgl. Tabelle 2). Aus den verschiedenen Beschreibungen der Grade in der Norm lassen sich die Reifegrade eines Prozesses von null bis fünf in »unvollständig«, »durchführbar«, »gemanagt«, »etabliert«, »vorhersagbar« und »optimiert« unterteilen. Diese Unterteilung ist ebenfalls in der für die Bewertung (Assessments) von Geschäftsprozessen vorhandene »ISO/IEC 15504 Software Process Improvement and Capability Determination (SPICE)« für die ursprüngliche Softwareentwicklung zu finden (S. 104 ff.). Tabelle 2 gibt einen Überblick über die Eigenschaften der verschiedenen Stufen.

Anhand von neun Prozessattributen wird jeder Prozess bewertet (vgl. Schmelzer & Sesselmann, 2013, S. 367).

Merke:

Die Anwendung eines Reifegradmodells mit sechs Reifegraden ist komplex und für die anfängliche Bewertung schwierig in der Differenzierung. Aus diesem Grund wird im Folgenden eine vereinfachte Form mit drei Reifegraden vorgestellt, die sich inhaltlich an der Norm orientiert und die Reifegrade »durchführbar«, »etabliert« und »optimiert« beschreibt.

Tabelle 3 gibt einen Überblick über die drei Reifegrade und deren inhaltliche Bewertungsgrundlage.

Tabelle 3: *Dreistufiges Reifegradmodell zur Beurteilung der Geschäftsprozesse*

Reifegrad 1: durchführbar	Reifegrad 2: etabliert	Reifegrad 3: optimiert
1.1 Organisation ist relativ	2.1 Organisation wirkt proaktiv auf die Prozesse ein	3.1 Systematische Suche nach Schwächen
1.2 Qualität des Prozesses ist überprüfbar, aber schwankend	2.2 zuverlässige Kontrolle der Zeiten und Qualität	3.2 Wertschöpfendes Auftreten der Organisation
1.3 zeitliche Ressourcen sind abschätzbar	2.3 zeitliche Ressourcen sind zuverlässig planbar	3.3 Ziele sind strategisch
1.4 In- und Outputs sind dokumentiert	2.4 Kennzahlen wurden definiert und Zielerreichung wird gemessen	3.4 Durchführung regelmäßiger Prozessaudits
1.5 Prozesse sind dokumentiert	2.5 Standardprozess	3.5 Prozess ist Routine
	2.6 Organisationseinheit wurde für die Umsetzung definiert	3.6 Ein kontinuierlicher Verbesserungsprozess ist umgesetzt

Die zur Beurteilung der Prozesse herangezogenen Attribute stammen aus der Zusammenführung der in der SPICE beschriebenen Bewertungskriterien. Eine mögliche Bewertungsmethode in tabellarischer Form wird in dem Kapitel 5 »Fallstudie anhand der Feuerwehr Musterstadt« beschrieben.

Merke:

Der Umgang zur Bewertung der Geschäftsprozesse beziehungsweise des Geschäftsprozessmanagements setzt eine realistische und selbstkritische Einschätzung voraus. Für ein konsistentes und erfolgreiches Geschäftsprozessmanagement ist es nicht zielführend, zu »leicht« zu bewerten, aber auch nicht zu »schwer«.

4.4   Risiken in Geschäftsprozessen

An Geschäftsprozesse werden umfangreiche Anforderungen gestellt. Sie sollen den Kunden zufriedenstellen, eine hohe Qualität, kurze Prozesszeiten und niedrige Kosten besitzen (vgl. Schmelzer & Sesselmann, 2013, S. 387). Fällt ein Geschäftsprozess aus, so hat dies, abhängig von der Prozesskategorie, unterschiedliche Auswirkungen auf den Geschäftsbetrieb und insbesondere auf die Qualität des Ergebnisses.

> **Beispiel:**
>
> Für den Regelbetrieb in der Leitstelle steht den Disponierenden das Einsatzleitsystem zur Verfügung. Das Einsatzleitsystem ermittelt aufgrund eines Alarmierungsstichwortes die dahinterliegende Einsatzmittelkette, das heißt, die zur Abarbeitung des Einsatzes relevanten Einsatzmittel, und unterbreitet anhand verschiedener Parameter wie »originär zuständiger Feuer- und Rettungswache« oder dem Fernmeldestatus eines Einsatzmittels, welche Einsatzmittel tatsächlich entsendet werden sollten.
>
> Fällt das Einsatzleitsystem aus, müssen die bisher durch das Einsatzleitsystem mittels Algorithmus durchgeführten Schritte durch die Disponierenden manuell ausgeführt werden. Neben einem erhöhten Koordinierungsbedarf entstehen unter anderem erhöhte Prozesslaufzeiten im Sinne der Alarmierungszeiten.

Mit den steigenden Anforderungen wachsen die Risiken, Prozessziele in der gewünschten Qualität und dem gewünschten Umfang nicht zu erreichen. Aus diesem Grund besteht die Notwendigkeit, vorausschauend und systematisch Prozessrisiken zu identifizieren, zu überwachen, zu steuern und zu beherrschen (vgl. Schmelzer & Sesselmann, 2013, S. 387 ff.). Von einem Risiko wird dann gesprochen, wenn das Ergebnis einer Handlung ungewiss ist und Ziele nicht oder nicht vollständig erreicht werden können. Der Begriff Risiko wird in der Literatur unterschiedlich definiert, sodass keine allgemeingültige Definition existiert. Allen Definitionen gemein ist jedoch die inhaltliche Ausrichtung einer negativen Auswirkung (Gefahr) eines vorhersehbaren oder unvorhersehbaren Ereignisses auf ein bedrohtes Objekt durch verschiedene Schwachstellen. Grundsätzlich gibt es keine hundertprozentige Sicherheit, dass ein Geschäftsprozess ohne Unterbrechung abläuft. An jeder Stelle kann es zu Komplikationen kommen, die zu einer Unterbrechung führen können. Zu nennen sind hierbei die Einflussgrößen Mensch, Aufgabenverständnis, Kommunikation, IT, Betriebsklima und Arbeitsplatzgestaltung oder grob organisationsexterne, organisationsinterne oder prozessinterne Einflüsse. Zur Bewältigung dieser Einflüsse ist ein Risikomanagement notwendig. Risikomanagement umfasst dabei alle Aufgaben zur Identifikation, Analyse, Bewertung, Steuerung, Überwachung und Reporting von Risiken (vgl. Meier, 2011).

Merke:

Risiken können nicht zu 100 % ausgeschlossen werden. Aus diesem Grund ist das Risikomanagement ein integraler Bestandteil des Geschäftsprozessmanagements, um Risiken zu identifizieren, zu überwachen, zu steuern und zu beherrschen. Nur mit einem aktiven Risikomanagement lassen sich die Auswirkungen von Störeinflüssen auf die Führungs-, Kern- und Unterstützungsprozesse minimieren.

Das Maß des Risikos wird als Produkt aus der Eintrittswahrscheinlichkeit (Wert der Eintrittswahrscheinlichkeit) und der zu erwartenden Schadenshöhe im Ernstfall (Wert der zu erwartenden Schadenshöhe) beschrieben werden (vgl. Schmelzer & Sesselmann, 2013, S. 387). Über das Produkt wird ein Relationsmodell geschaffen, welches anhand des Produktes die Interpretation des Risikos ermöglicht. Folglich ergibt sich die Formel zur Berechnung des Risikos mit:

Risiko = Eintrittswahrscheinlichkeit × Schadenshöhe

Das Risiko ist umso größer, je höher die Eintrittswahrscheinlichkeit und das Ausmaß der zu erwartenden Schadenshöhe ist. Für die Bewertung von Risiken in Geschäftsprozessen existieren unterschiedliche Methoden. Für eine einfache Beurteilung der Risiken kann die Risikomatrix herangezogen werden, in der die zwei Dimensionen Eintrittswahrscheinlichkeit und Wirkung in den Ausprägungen niedrig bis hoch sowie schwach bis stark dargestellt werden und der jeweilige Geschäftsprozess in einer dahinter liegenden zwei mal zwei Felder Matrix positioniert wird. Diese Form der Beschreibung ist sehr rudimentär und weist viele Lücken auf, insbesondere in der Genauigkeit zur Beschreibung der verschiedenen Risiken. Als Methode zur detaillierteren Beschreibung und insbesondere Bewertung von Risiken, eignet sich die Verwendung des durch das Bundesamt für Sicherheit in der Informationstechnik (BSI) entwickelten Standards »BSI-Standard 200-3 Risikoanalyse auf der Basis von IT-Grundschutz«. Auch wenn der Standard selbst für die Bewertung von Informationssicherheitsrisiken entwickelt wurde, lässt er sich aufgrund der Allgemeingültigkeit zur Beurteilung von Risiken in Geschäftsprozessen heranziehen. Für die Beurteilung der (Eintritts)Wahrscheinlichkeit werden zeitliche Kriterien beschrieben, sodass eine Einstufung ermöglicht wird (vgl. Tabelle 4).

Tabelle 4: *Kategorisierung der Eintrittshäufigkeit (BSI 200-3, 2019, S. 26 f.)*

Eintrittshäufigkeit	Beschreibung
selten	Ereignis könnte nach heutigem Kenntnisstand höchstens alle fünf Jahre eintreten.
mittel	Ereignis tritt einmal alle fünf Jahre bis einmal im Jahr ein.
häufig	Ereignis tritt einmal im Jahr bis einmal pro Monat ein.
sehr häufig	Ereignis tritt mehrmals im Monat ein.

Von dem eher »seltenen« Ereignis, welches höchstens alle fünf Jahre auftritt, reicht die Eintrittshäufigkeit bis hin zu einem solchen, welches monatlich mehrmals auftritt, also »sehr häufig«. Dem gegenüber steht die Schadenshöhe mit der entsprechenden Schadensauswirkung (vgl. Tabelle 5).

Tabelle 5: *Kategorisierung der Schadenshöhe (BSI 200-3, 2019, S. 27)*

Schadenshöhe	Beschreibung
vernachlässigbar	Die Schadensauswirkungen sind gering und können vernachlässigt werden.
begrenzt	Die Schadensauswirkungen sind begrenzt und überschaubar.
beträchtlich	Die Schadensauswirkungen können beträchtlich sein.
existenzbedrohend	Die Schadensauswirkungen können ein existenziell bedrohliches, katastrophales Ausmaß erreichen.

Die Schadensauswirkungen lassen sich durch eine Störung des Geschäftsbetriebes oder auch durch hohe finanzielle Auswirkungen beschreiben. Auch wenn der Begriff des »Schadens« ein unbestimmter Begriff ist, also Raum zur Interpretation lässt, ergibt sich eben hieraus ein hohes Maß an Flexibilität den BSI-Standard 200-3 auf die unterschiedlichsten Bereiche in der Organisationseinheit anzuwenden

---

Beispiel:

Für den Betrieb der Leitstelle stehen den Disponierenden zehn Einsatzleitplätze (Arbeitsplatzcomputer zur Bedienung des Einsatzleitsystems) zur Verfügung. Die Abbildung des Regelbetriebs erfolgt mittels acht Einsatzleitplätzen. Bei Sonder- und Großschadenslagen (Unwetter, Hochwasser etc.) werden alle Einsatzleitplätze besetzt. Die internen Abläufe werden so abgeändert, dass jeder Disponierende in der Leitstelle eine zur Abarbeitung der anstehenden Notrufe vorgesehene Funktion bekleidet.

Bei Ausfall von zwei Einsatzleitplätzen (z. B. technischen Defekt) während des Regelbetriebs, können die zwei ungenutzten Einsatzleitplätze als Kompensation verwendet werden. Es besteht keine negativen Auswirkungen auf die Geschäfts-prozesse der Leitstelle und die Schadenshöhe ist »vernachlässigbar«.

Fallen zwei Einsatzleitplätze während einer Sonder- oder Großschadenslage aus, hat dies aufgrund fehlender Kompensationsmöglichkeiten einen direkten Einfluss auf die Arbeitsweise innerhalb der Leitstelle. Die Schadenshöhe ist in diesem Fall »beträchtlich«.

Die Einstufung der jeweiligen Risiken erfolgt mittels »Matrix zur Einstufung von Risiken« (vgl. Tabelle 6).

Tabelle 6: *Matrix zur Einstufung von Risiken (BSI 200-3, 2019, S. 27)*

Schadenshöhe					
	existenz-bedrohend	mittel	hoch	sehr hoch	sehr hoch
	beträchtlich	mittel	mittel	hoch	sehr hoch
	begrenzt	gering	gering	mittel	hoch
	vernachlässigbar	gering	gering	gering	gering
		selten	mittel	häufig	sehr häufig
		Eintrittshäufigkeit			

Das Ergebnis der Einstufung in »gering«, »mittel«, »hoch« und »sehr hoch« wird als Risikokategorie bezeichnet, und lässt die Aussagen über die strategische Aussage zur Begegnung des Risikos zu (vgl. Tabelle 7).

Tabelle 7: *Definition der Risikokategorien (BSI 200-3, 2019, S. 28), eigene Ergänzung*

Risikokategorie	Beschreibung
gering	Das Risiko kann akzeptiert werden. Die Entscheidung darüber muss individuell getroffen und schriftlich fixiert werden.
mittel	Das Risiko sollte behandelt werden. Die Entscheidung darüber muss individuell getroffen und schriftlich fixiert werden. Wenn das Risiko nicht behandelt wird, muss dies begründet werden.
hoch	Das Risiko muss behandelt werden. Die Behandlung muss strukturiert erfolgen und angemessen dokumentiert werden. Nach der Behandlung muss die Risikoanalyse wiederholt werden. Wenn das Risiko nicht vermieden oder auf ein akzeptables Maß gesenkt werden kann, muss es von der Amtsleitung schriftlich akzeptiert werden.
sehr hoch	Es ist Gefahr im Verzug. Das Risiko muss unbedingt im Interesse der Organisation und der Verantwortlichen (Sachgebietsleitung, Abteilungsleitung) umgehend deeskaliert und unverzüglich behandelt werden. Die Behandlung muss strukturiert erfolgen und angemessen dokumentiert werden. Nach der Behandlung muss die Risikoanalyse wiederholt werden. Wenn das Risiko nicht vermieden oder auf ein akzeptables Maß gesenkt werden kann, muss dieses von der Organisationsleitung schriftlich akzeptiert werden.

Aus der Risikokategorie lässt sich eine Handlungsempfehlung im Umgang mit dem Risiko ablesen. Risiken der Risikoklasse »gering« können akzeptiert werden. Sie müssen nicht behandelt werden, die Entscheidung diesbezüglich ist lediglich schriftlich zu fixieren. Demgegenüber stehen Risiken der Risikokategorie »sehr hoch«, die unbedingt behandelt werden müssen.

Beispiel:

Die (Eintritts-)Häufigkeit eines gleichzeitigen Ausfalls von zwei Einsatzleitplätzen während des Regelbetriebs ist aufgrund von Erfahrungswerten aus der Vergangenheit als »mittel« und die Schadenshöhe als »vernachlässigbar« einzustufen. Die sich daraus ergebende Risikoklasse ist »gering«. Das Risiko **kann** akzeptiert werden, ist aber zu dokumentieren.

Die (Eintritts-)Häufigkeit eines gleichzeitigen Ausfalls von zwei Einsatzleitplätzen während einer Sonder- oder Großschadenslage ist aufgrund von Erfahrungswerten aus der Vergangenheit als »mittel« und die Schadenshöhe als »beträchtlich«

> einzustufen. Die sich daraus ergebende Risikoklasse ist »mittel«. Das Risiko **sollte** behandelt werden. Ist die Behandlung nicht möglich, muss dies ausreichend dokumentiert werden.

Wie die verschiedenen Risiken behandelt werden, schreibt das BSI nicht vor. Hierbei können organisatorische oder technische Maßnahmen vereinbart und getroffen werden, sodass bei einer erneuten Risikoanalyse das Risiko vermieden oder auf ein für den Geschäftsprozess selbst akzeptables Maß gebracht werden kann.

4.5   Einführung des Geschäftsprozessmanagements in die Organisation

Organisationen stehen immer wieder vor der Herausforderung, Veränderungsbedarf zu erkennen, notwendige Maßnahmen zu identifizieren und Veränderungen erfolgreich durchzuführen (vgl. Schmelzer & Sesselmann, 2013, S. 531 f.). Dieser Ablauf wird als »Change Management« bezeichnet. Change Management unterstützt die Führung und Mitarbeitenden, die Notwendigkeit von Veränderungen zu erkennen, zu akzeptieren, aktiv mitzugestalten, effektiv und effizient umzusetzen und zu stabilisieren. Im Geschäftsprozessmanagement spielen ganzheitliche Veränderungsprozesse und damit auch das Change Management eine zentrale Rolle. Grundsätzlich bewirkt das Geschäftsprozessmanagement Veränderungen und unterliegt ihnen selbst (vgl. Madison, 2005, S. 181 ff.). Geschäftsprozessmanagement bewirkt, dass nicht mehr die Abteilung im Mittelpunkt steht, sondern Geschäftsprozesse, sodass sich die Organisation ändert. Daraus ergibt sich, dass nicht mehr Funktions-, sondern Prozessverantwortliche für das Geschäft verantwortlich sind. Hierdurch ändern sich die Positionen, Verantwortungen, Befugnisse und »interne Spielregeln«. Ebenso ändert sich die Rolle von Management, Führung und Mitarbeitenden. Die Mitarbeitenden selbst steuern und verbessern die Geschäftsprozesse selbst. Als Qualitätskriterium wird nicht nur das Kostenstellenbudget ausschlaggebend sein, sondern auch Zeiten, Qualität und Kosten der Geschäftsprozesse, das heißt, die Ziele, Kennzahlen und das Controlling ändern sich. Veränderungen dieser Größenordnung bedingen eine Neuorientierung des Management-, Führungs-, Mitarbeiter-, Organisations- und Controlling-Verständnisses.

Zunächst gilt es den Unterschied zwischen Führung und Management aufzuweisen. Aufgaben des Managements sind Zielsetzung, Organisation, Planung, Kontrolle und Steuerung (vgl. Schmelzer & Sesselmann, 2013, S. 519). Management

»schafft ein bestimmtes Maß an Vorhersagbarkeit und Ordnung und hat das Potenzial, konsistent [...] Erfolge zu schaffen, die von verschiedenen (Anspruchsgruppen) [...] erwartet werden« (Kotter, 2011, S. 22). Führung bedeutet, die Richtung (Vision), Strategie, Ziele und Vorgehen zu vermitteln und sie zu motivieren, die Ziele umzusetzen (vgl. Schmelzer & Sesselmann, 2013, S. 519). Erfolgreiche Veränderungen basieren zu 90 % auf Führung und zu 10 % auf Management. Erst wenn die Führung von der Veränderung überzeugt ist und auch das Geschäftsprozessmanagement vorlebt, wird es mit hoher Wahrscheinlichkeit zu einer Veränderung kommen und auf eine hohe Akzeptanz auf allen Ebenen stoßen. Auch das Vorgehen bei der Einführung des Geschäftsprozessmanagements hat starken Einfluss auf den Erfolg (vgl. Schmelzer & Sesselmann, 2013, S. 528). Analog des Top-Down- und Bottom-Up-Ansatzes der Prozessidentifikation existieren zur Einführung des Geschäftsprozessmanagements vergleichbare Vorgehensweisen. Ein besonderes Gewicht sollte auf die Partizipation der Mitarbeitenden gelegt werden. Bei dem »Auferlegen von oben« ist aufgrund der geringen Einbindung und Integration in die Veränderungen mit Widerständen zu rechnen. Erfolgsversprechender ist die Einbindung der Betroffenen. Die Einführung des Geschäftsprozessmanagements selbst ist als Projekt durchzuführen, in dem Ziele, Ressourcen und Zeiten, sowie Kosten und Nutzen klar abgegrenzt werden.

Merke:

Eine ganzheitliche Einführung über alle Organisationseinheiten hinweg ist aufgrund der Komplexität nicht zielführend und meist zum Scheitern verurteilt. Es empfiehlt sich daher, insbesondere die Kernprozesse der unterschiedlichen Geschäftseinheiten zu betrachten und deren Wechselwirkungen auf die jeweils Anderen Geschäftseinheiten zu verstehen und abzubilden.

Die Einführung des Geschäftsprozessmanagements kann in verschiedenen Schritten erfolgen, wobei sich drei Einführungsvarianten für Organisationen mit mehreren Organisationseinheiten besonders eignen. Tabelle 8 gibt einen Überblick über die verschiedenen Varianten sowie die jeweiligen Vor- und Nachteile.

Tabelle 8: *Einführungsstrategien primärer Geschäftsprozesse in Unternehmen mit mehreren Geschäftseinheiten (vgl. Schmelzer & Sesselmann, 2013, S. 538)*

Variante	Vorteile	Nachteile
A Pilotierung eines primären Geschäftsprozesses in einer Geschäftseinheit	▪ geringe Projektkomplexität ▪ niedriger Abbruchschaden ▪ Erfahrungsgewinn für weitere Einführungen	▪ Schnittstellenprobleme ▪ isolierte Prozessbetrachtung ▪ punktueller Nutzen
B Parallele Implementierung aller primären Geschäftsprozesse in einer Geschäftseinheit	▪ Ziel- und Organisationsklarheit sowie durchgehende Prozessorientierung in Geschäftseinheit ▪ hoher Nutzen für Geschäftseinheit	▪ relativ hohe Projektkomplexität ▪ mehr Projektressourcen ▪ hoher Abbruchschaden
C Parallele Implementierung aller primären Geschäftsprozesse in allen Geschäftseinheiten des Unternehmens	▪ unternehmensweite Ziel- und Organisationsklarheit sowie Prozessorientierung ▪ geringe Reibungsverluste ▪ hoher Nutzen für das Gesamtunternehmen	▪ hohe Projektkomplexität ▪ umfangreiche Projektressourcen ▪ sehr hoher Abbruchschaden

5 Fallstudie anhand der Feuerwehr Musterstadt

In dem vorliegenden Kapitel wird die Stadt Musterstadt als Grundlage für die Betrachtung von Geschäftsprozessen und deren Management vorgestellt. Die Vorstellung umfasst insbesondere die Grundzüge der in Musterstadt vorgehaltenen Strukturen der nicht-polizeilichen Gefahrenabwehr.

Hinweis:

Aus Gründen der besseren Verständlichkeit wird auf die detaillierte Darstellung einzelner Einheiten, Sonderkomponenten sowie Einsatzkonzepte verzichtet. Es werden nur die Bereiche dargestellt, die dem Gesamtverständnis dienlich sind.

5.1 Vorstellung der Feuerwehr Musterstadt

Die Stadtverwaltung der kreisfreien Stadt Musterstadt besteht neben dem OB – Dezernat des Oberbürgermeisters aus den sechs weiteren Dezernaten I bis VI. Organisatorisch ist die Feuerwehr (Amt 37) dem Dezernat I – Dezernat für Bürgerservice, Personal, Organisation, Ordnung, Brandschutz und IT zugeordnet, dem ebenso das Personal- und Organisationsamt (Amt 11) sowie das Ordnungsamt (Amt 32) angehören.

Dezernat OB	Dezernat I	[...]	Dezernat VI
• 13 Presse- und Informationsamt • 14 Amt für Wirtschaftlichkeitsprüfung und Revision • [...]	• 10 Personal- und Organisationsamt • 32 Ordnungsamt • 33 Amt für Bürger- und Ratsservice • **37 Feuerwehr**	• [...]	• 23 Amt für Immobilienmanagement • 64 Amt für Wohnungswesen und Quartiersentwicklung • 67 Amt für Grünflächen, Umwelt und Nachhaltigkeit

Bild 15: *Reduzierter Dezernatsverteilungsplan der Stadt Musterstadt*

53

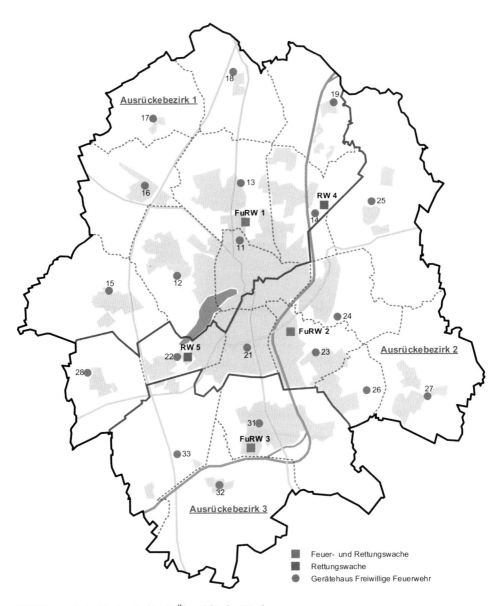

Bild 16:   *Karte Musterstadt mit Übersicht der Wachen*

Die Berufsfeuerwehr und die Freiwillige Feuerwehr bilden die Feuerwehr Musterstadt. Im inneren Bereich des Stadtgebiets ist die Berufsfeuerwehr für die Gefahrenabwehr zuständig und wird durch Einheiten der Freiwilligen Feuerwehr ergänzt. In den eher ländlich geprägten Stadtteilen, an den Rändern der Stadt, wird der Grundschutz durch die Freiwillige Feuerwehr sichergestellt, die durch Einheiten der Berufsfeuerwehr unterstützt werden. Als kreisfreie Stadt ist Musterstadt neben dem Unterhalten einer den örtlichen Verhältnissen entsprechend leistungsfähigen Feuerwehr Träger des Rettungsdienstes und somit verpflichtet, die bedarfsgerechte und flächendeckende Versorgung der Bevölkerung mit Leistungen der Notfallrettung einschließlich der notärztlichen Versorgung im Rettungsdienst und des Krankentransportes sicherzustellen. Zur Sicherstellung der gesetzlichen Aufgaben unterhält die Stadt Musterstadt drei Feuer- und Rettungswachen (Nord, Mitte und Süd), zwei Rettungswachen (Ost und West) und 20 Gerätehäuser der Freiwilligen Feuerwehr, deren Ausrückebereiche in die der drei Wachbezirke der Hauptwache unterteilt sind. Zur Aus- und Fortbildung des Einsatzdienstpersonals unterhält die Feuerwehr Musterstadt das Feuerwehrausbildungszentrum sowie die Berufsfachschule für Rettungsdienst und Notfallsanitäter.

Neben den Einheiten des aktiven Einsatzdienstes bestehend aus Feuerwehr und Rettungsdienst sind auf den Campus der Feuer- und Rettungswachen weitere Einrichtungen untergebracht. Im Zuge der Brandschutzbedarfsplanung wurde der Campus der Feuer- und Rettungswache Süd um ein Werkstattzentrum erweitert. Die bisherige dezentrale Auftragsbearbeitung in den jeweiligen Werkstätten findet zukünftig zentral an einem Standort statt. Folgende Tabelle gibt einen Überblick über die Einrichtungen der Feuerwehr Musterstadt:

Tabelle 9: *Weitere Einrichtungen auf den Campus Feuer- und Rettungswachen*

Standort	Wachbezirk	Einrichtungen
Feuer- und Rettungswache 1 Nord	Nord	▪ Leitstelle ▪ Verwaltung (Branddirektion)
Feuer- und Rettungswache 2 Mitte	Mitte	▪ Feuerwehrausbildungszentrum ▪ Berufsfachschule für Rettungsdienst und Notfallsanitäter

Feuer- und Rettungswache 3 Süd	Süd	▪ Ausweichleitstelle
		▪ zentrales Werkstattzentrum
		  – Atemschutzwerkstatt
		  – Gerätewerkstatt
		  – Kfz-Werkstatt
		  – Bekleidungskammer

Zur Erfüllung der gesetzlichen Aufgaben hält die Feuerwehr Musterstadt 155 unterschiedliche Feuerwehrfahrzeuge und 35 Rettungsdienstfahrzeuge vor, die entsprechend der Brandschutz- und Rettungsdienstbedarfsplanung auf den Feuer- und Rettungswachen, Rettungswachen und den Gerätehäusern der Freiwilligen Feuerwehr stationiert sind. Die Besetzung der Rettungsdienstfahrzeuge erfolgt sowohl durch die Dienstkräfte der Berufsfeuerwehr als auch durch externe Leistungserbringer. Insgesamt zählt die Feuerwehr Musterstadt 310 Mitarbeitende feuerwehrtechnische Beamte, 20 zivile Angestellte sowie 660 Angehörige der Freiwilligen Feuerwehr.

5.2   Schnittstellen und Abgrenzungen in der Aufbauorganisation

Das hierarchische Gerüst der Feuerwehr Musterstadt besteht neben den zwei Stabsstellen 37.1 Grundsatzangelegenheiten der Freiwilligen Feuerwehr und 37.2 Öffentlichkeitsarbeit aus sieben Abteilungen, denen unterschiedliche Sachgebiete und Einrichtungen zugeordnet sind. Bild 17 veranschaulicht das Organigramm der Feuerwehr Musterstadt bis auf Sachgebietsebene.

Neben dem originären Fachgebiet kommt den Abteilungen 371 »Einsatzdienst«, 372 »Technik & Gebäude« und 373 »Informationssysteme« eine besondere Bedeutung zu. Organisatorisch ist die Abteilungsleitung zusätzlich für den Einsatzdienst der zugeordneten Feuer- und Rettungswache, Rettungswachen sowie den im Wachbezirk vorgehaltenen Löschgruppen der Freiwilligen Feuerwehr zuständig. Zum Betrieb des zentralen Werkstattzentrums wurde das Sachgebiet 372.1 »Technik« nach einer Organisationsüberprüfung der Abteilung 372 wie in Bild 18 neu organisiert.

In den folgenden Kapiteln und Abschnitten wir der Fokus für die Betrachtung der Geschäftsprozesse auf das zentrale Werkstattzentrum gelegt. Dieses eignet sich aufgrund der notwendigen Harmonisierung von unterschiedlichen Prozessen innerhalb der zuvor dezentralen Werkstätten und der Möglichkeit zur Synchronisation auf dem neuen Campus im besonderen Maß.

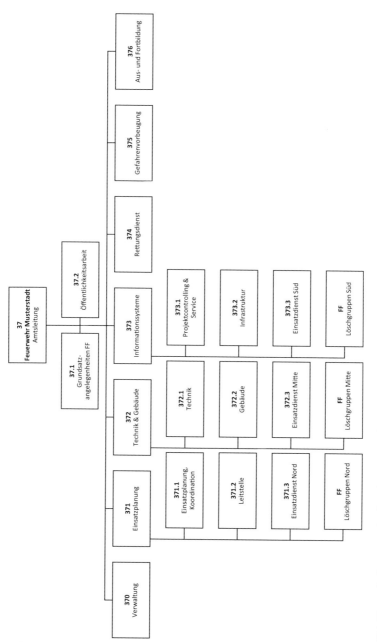

Bild 17: *Aufbauorganisation der Feuerwehr Musterstadt – Organigramm 37*

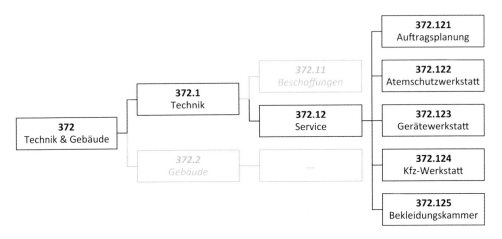

Bild 18:   *Organigramm Abteilung 372 »Technik & Gebäude«*

5.3   Identifikation und Optimierung der Geschäftsprozesse

Aufgrund der bei der Feuerwehr Musterstadt über die letzten Jahre gewachsenen Strukturen und Aufgaben sowie der immer größer gewordenen Bedeutung von Informationstechnik in nahezu allen Bereichen, hat sich eine heterogene Datenverarbeitung und daraus resultierend eine heterogene Prozesslandschaft etabliert. Für die Inbetriebnahme des zentralen Werkstattzentrums – dem aktuell größten Projekt der Feuerwehr Musterstadt – gilt es die bisher dezentral geprägten Geschäftsprozesse zu identifizieren, zu sammeln und an die geänderten Rahmenbedingungen anzupassen. Zur Analyse der Geschäftsprozesse in den Werkstätten gilt es einen geeigneten Ansatz zu finden, auf dem eine strukturierte und systematische Prozesserhebung stattfinden kann.

Mit dem zentralen Werkstattzentrum wird das strategische Ziel verfolgt, alle bisherigen Werkstätten zu vereinen und durch eine zentrale Auftragsplanung Fahrtkosten und Lagerflächen einzusparen, Durchlaufzeiten zu verkürzen und die tatsächliche Verfügbarkeit von Einsatzmitteln durch die räumlich Nähe der unterschiedlichen Werkstätten zu erhöhen und letztendlich eine Steuerung der durchzuführenden Maßnahmen vorzunehmen. Hieraus lässt sich der Kernprozess der Auftragsbearbeitung im Sinne einer Auftragsannahme, -planung und -bearbeitung hin zu dem eigentlichen Auftragsabschluss ableiten. Bild 19 veranschaulicht den Kernprozess der Auftragsannahme im zentralen Werkstattzentrum.

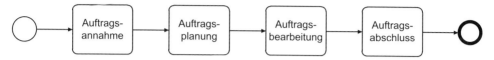

Bild 19:   *Kernprozess der Auftragsbearbeitung im zentralen Werkstattzentrum*

Abgeleitet aus der Soll-orientierten Prozessidentifikation besteht nun die Notwendigkeit, eine Konkretisierung der Aufgaben im Rahmen einer Überführung in verschiedene Teilprozesse vorzunehmen, sodass sich der originäre Kernprozess der Auftragsbearbeitung im zentralen Werkstattzentrum, wie in Bild 20 visualisiert, darstellen lässt (Top-Down-Ansatz).

Das Gelingen einer zentralen Auftragsplanung hängt zunächst davon ab, wie genau der Auftragsplanende über die in den Werkstätten angebotenen Leistungen im Bilde ist. Hierzu gilt es das bisher dezentral vorhandene Wissen, z. B. das der Werkstattleitenden, in einem zentralen Leistungskatalog mit den zur Planung relevanten Informationen (Kennzahlen wie Dauer und Aufwand in Stunden oder Werktage) überein zu bringen.

Achtung:

Für eine optimale Planung werden detailliertere Informationen benötigt, die aus Gründen der Komplexitätsreduzierung nicht genauer beschrieben werden.
Zu bedenken sind unter anderem die Kritikalität einer Maßnahme und deren Priorisierung im Gesamtkontext (z. B. Aufrechterhaltung des Dienstbetriebes gegenüber der Reparatur eines defekten Fensterhebers) und dem Vorhandensein der notwendigen Materialien zur Umsetzung der anstehenden Maßnahme in Verbindung mit der Verfügbarkeit von Personal.

Die Erstellung des Leistungskataloges ist eng mit der Geschäftsprozessidentifikation in den einzelnen Werkstätten verbunden. Hierzu muss neben einer strukturierten Vorgehensweise zunächst eine Sammlung von Handlungsanweisungen, Abläufen und Regularien aus den unterschiedlichsten Quellen erfolgen, die in eine einheitliche Dokumentation zu überführen sind. Diese Vorgehensweise entspricht der Ist-orientierten Prozessidentifikation (Bottom-Up-Ansatz).

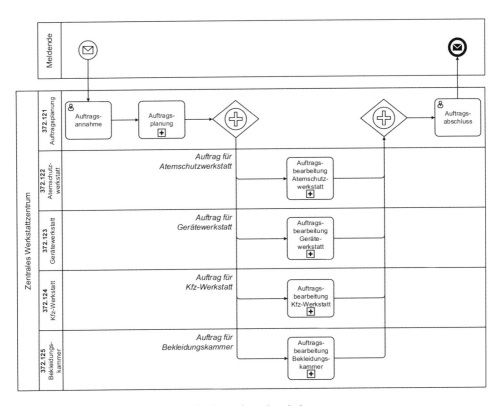

Bild 20:   *Bildung von Teilprozessen in der Auftragsbearbeitung*

Praxis-Tipp:

Bei gewachsenen Strukturen empfiehlt es sich, eine Kombination der Soll- und Ist-orientierten Prozessidentifikation durchzuführen. Hierbei sind die strategischen Ziele zu formulieren und vorhandene Teilprozesse in den Kernprozess zu überführen oder entsprechend anzupassen. Eine Optimierung der Abläufe kann im Nachgang oder bei offensichtlichen Verbesserungen bei der Überführung stattfinden.

Als Quellen sind hierbei nicht nur die auf Papier beschriebenen Verfahrensanweisungen, Arbeitsanweisungen oder Checklisten zu sehen, sondern auch Organigramme, eingesetzte Softwareprodukte sowie Gespräche mit den unterschiedlichen Mitarbeitenden einer jeweiligen Werkstatt. Ziel ist es, durch die Sammlung einen ganzheitlichen Überblick über die Werkstatt zu erhalten, ohne sich in Details zu verrennen. Zur Unterstützung der einheitlichen Beschreibung können verschiedene Dokumentationsformen herangezogen werden (vgl. Kapitel 4.2).

Praxis-Tipp:

Für eine erste Identifikation der Prozesse eignet sich als Prozesskurzbeschreibung die tabellarische Form. Sie ist schnell und ohne weiterführende Werkzeuge möglich.

Aufgrund der zu erwartenden Anzahl an Prozessen innerhalb der Organisation besteht die Notwendigkeit, eine übergreifende, einheitliche Nummerierung der Prozesse zu etablieren, aus der ersichtlich wird, welche Prozesse einen zentralen Bestandteil für die jeweilige Organisationseinheit bilden und welche nicht. Hierfür bietet sich der Aufbau

Organisationseinheit_Prozesskategorie_Laufende Nummer – Prozessname

an.

Mittels dieses Aufbaus ist anhand der Gliederungsziffer die eineindeutige Zuordnung zu einer Organisationseinheit möglich. Über die Angabe der Prozesskategorie mit der Abkürzung »F« für Führungs-, »K« für Kern- und »U« für Unterstützungsprozesse ist die Ableitung der Bedeutung für die jeweilige Organisationseinheit möglich. Durch eine kurze Beschreibung des Prozessnamens ist eine grobe inhaltliche Vorstellung möglich. Tabelle 10 gibt einen Überblick über die Prozesskurzdokumentation des Kernprozesses »Terminvergabe Einkleidung/Auskleidung«.

Nachdem die werkstattübergreifende Prozessidentifikation und -dokumentation abgeschlossen ist, gilt es die Ergebnisse zusammenzuführen und gegebenenfalls Abhängigkeiten und Verknüpfungen herauszuarbeiten.

Merke:

Ein wesentliches Element des Geschäftsprozessmanagements ist das Verständnis über Abhängigkeiten und Verknüpfungen von Geschäftsprozessen unter- und miteinander. Das Ergebnis oder die Teilaufgabe eines Kernprozesses der einen Organisationseinheit kann für eine andere Organisationseinheit lediglich einen Unterstützungsprozess beschreiben und umgekehrt.

Für die Zusammenführung aller identifizierten Prozesse bietet sich zunächst die tabellarische Form unter Berücksichtigung der Sortierreihenfolge nach Organisationseinheit und der Prozesskategorie an, sodass ein vereinfachter Gesamtüberblick ermöglicht wird (siehe Tabelle 11).

Tabelle 10: *Muster einer tabellarischen Prozesskurzdokumentation*

Organisationseinheit 372.121	Prozesskategorie *Kernprozess*	Erstellung am *16.06.2019*	Prüfung am *16.06.2020*
Prozessname *Terminvergabe Einkleidung/Auskleidung*	**Prozessnummer** *372.121_K_1 – Terminvergabe Einkleidung/ Auskleidung*	**Erstellung** *Richmann*	**Prüfung** *nn*
Auslöser *Meldender ruft an oder betritt die Bekleidungskammer*	**Dauer** *5 Minuten*	**Ergebnis(se)** *Vereinbarter Termin*	

Prozessbeschreibung
Vor der Dienstaufnahme und bei Beendigung des Dienstverhältnisses müssen alle Dienstkräfte des aktiven Einsatzdienstes eingekleidet/ausgekleidet werden.

Prozessverantwortlicher *Auftragsplanung*	Beteiligte *Meldender*	Zu informieren *ggf. Werkstattleiter*
Beschreibung/Anmerkung *nn*	**Beschreibung/Anmerkung** *nn*	**Beschreibung/Anmerkung** *nn*

Prozess-schritt	Verant-wortlich	Input	Output	IT-Einsatz	Messgröße
Begrüßung	*Auftragsplanung*	–	–	–	–
Anliegen des Meldenden klären	*Auftragsplanung*	*Terminwunsch*	–	*Auftragskalender*	*Anzahl Einkleidungen/ Auskleidungen*
Ressourcen/ freie Termine klären	*Auftragsplanung*	*Terminübersicht Personalplan*	*Termin*	*Auftragskalender*	
Termin vereinbaren	*Auftragsplanung*	–	–	–	–
Verabschiedung	*Auftragsplanung*	–	–	–	–

Bemerkung
Für eine Terminänderung ist ein vergleichbarer Ablauf vorgesehen. Bei fehlenden Verfügbarkeiten von Kapazitäten kann es dazu kommen, dass Meldende nicht zum gewünschten Termin eingekleidet/ausgekleidet werden können.

Hinweis

Die Auflistung der Prozesse ist nicht abschließend und dient der Veranschaulichung.

Anhand der Geschäftsprozessübersicht lassen sich neben der Darstellung der unterschiedlichen Führungs-, Kern- und Unterstützungsprozessen verschiedene Aussagen zu den Prozessen ableiten. Neben den Prozessverknüpfungen als Aussage der Relation unter- und miteinander, können unterschiedliche Parameter für die Erstellung eines Leistungskataloges der zentralen Einsatzplanung abgeleitet werden. Ein für die Auftragsplanung relevanter Parameter ist die Prozesszeit, das heißt, die Dauer für die Abarbeitung des Prozesses. Hierdurch kann in der zentralen Auftragsplanung ein anlassbezogener Termin vergeben werden.

Anhand der vorliegenden Kurzbeschreibungen auf Basis der durchgeführten Identifikation können Prozessoptimierungen durchgeführt werden. Hierzu gilt es die einzelnen Prozesse genauer zu betrachten und – abhängig von der Komplexität – mittels Business Process Model and Notation auf eine visuelle Darstellungsform zu heben, sodass die Möglichkeiten zur Restrukturierung angewandt werden können.

Praxis-Tipp

Die Modellierung aller erhobenen Prozesse mittels BPMN ist zeitintensiv und oftmals bei eindeutigen Zusammenhängen und Aufgaben nicht zielführend und kann, sofern Kapazitäten und Ressourcen zur Verfügung stehen, auch zu einem späteren Zeitpunkt abgeschlossen werden (GoM – Grundsatz der Wirtschaftlichkeit) (vgl. Schmelzer & Sesselmann, 2013, S. 476). Bei der Optimierung sollte zunächst der Blick auf die Kernprozesse und Prozesse mit Prozessverknüpfungen gerichtet werden. Ebenso ist der Detaillierungsgrad so abstrakt wie möglich und detailliert wie nötig zu halten (GoM – Grundsatz der Relevanz). Die Entnahme einer einzelnen Schraube, sofern sie keine für den Ablauf relevanten Merkmale wie einen hohen Materialwert besitzt, muss nicht beschrieben werden.

Exemplarisch für die aufgenommenen Prozesse wird im Folgenden die Modellierung des Prozesses der Auftragsplanung anhand des aktuell vorliegenden Ablaufes vorgenommen.

5

Tabelle 11: *Geschäftsprozessübersicht des zentralen Werkstattzentrums*

Geschäftsprozessübersicht			
Organisations-einheit	Prozessnummer – Prozessname	Prozessverknüpfung	Dauer
372.121			
	372.121_F_1 – ...	...	...
	372.121_K_1 – Termin-vergabe Einkleidung/Auskleidung	-	5 Minuten
	372.121_K_2 – Auf-tragsplanung	-	5–10 Minuten
	372.121_U_1 – ...	...	...
...			
372.125			
	372.125_F_1 – ...	...	...
	372.125_K_1 – Ein-kleidung durchführen	372.121_K_1 – Termin-vergabe Einkleidung/Aus-kleidung 372.125_K_2 – Ausgabe von Dienstgradabzeichen	60 Minuten
	372.125_K_2 – Ausgabe von Dienstgradabzei-chen	-	10 Minuten
	372.125_K_3 – Aus-kleidung durchführen	372.121_K_1 – Termin-vergabe Einkleidung/Aus-kleidung	80 Minuten
	372.125_U_1 – ...	...	...

Hinweis:

Bei dem dargestellten Prozess »372.121_K_2 – Auftragsplanung« in der Ist-Dar-stellung sind verschiedene Schritte so ausgestaltet, dass sie bei einer Optimierung zu einer deutlichen Verbesserung führen und verschiedene Restrukturierungsmöglich-keiten angewendet werden können.

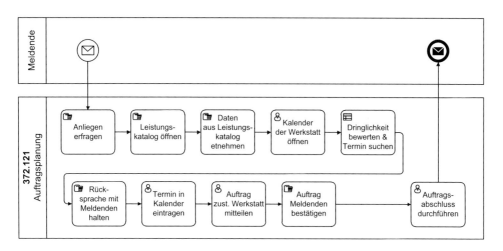

Bild 21:   *Ist-Darstellung des Prozesses 372.121_K_2 – Auftragsplanung*

In der aktuellen Ausgestaltung des Prozesses »Auftragsplanung« werden verschiedene Aufgaben durch die Auftragsplanenden manuell durchgeführt, dargestellt durch das »Hand-Symbol« in der oberen linken Ecke. Beginn des Prozesses ist die Nachricht eines Meldenden an die Auftragsplanung. Durch einen Auftragsplanenden wird das genaue Anliegen erfragt, sodass anhand des Leistungskataloges die zur Planung der Leistungserbringung relevanten Daten entnommen werden können. Anschließend wird das Anliegen aufgrund der gesammelten Informationen hinsichtlich der Dringlichkeit bewertet. Die Bewertung erfolgt anhand einer internen Geschäftsregel, dargestellt durch das »Tabellen-Symbol« in der oberen linken Ecke. Die Geschäftsregel besagt, dass Maßnahmen zur Aufrechterhaltung des Dienstbetriebes und der Einsatzbereitschaft mit einer höheren Priorität abzuarbeiten sind, als solche, die es nicht sind. Nach der Bewertung des Anliegens wird mit dem Meldenden und dem zentral organisierten Kalender der zuständigen Werkstatt ein Termin zur Bewältigung des Anliegens abgestimmt und dem Meldenden der Termin bestätigt.

Die manuelle Ausführung von Aufgaben birgt das Risiko, unbeabsichtigt Fehler zu begehen oder aufgrund unterschiedlicher Arbeitsweisen lange Prozesslaufzeiten zu generieren. Hierbei handelt es sich um einen Medienbruch. Ein Medienbruch entsteht immer dann, wenn die über ein Informationsmedium enthaltenen Inhalte in der Übertragungskette eines Prozesses auf ein anderes Medium übertragen und dazu erneut erzeugt werden müssen.

Beispiel:

Zur Aufstockung des Lagerbestands an Büromittelbedarf rufen Mitarbeitende der Feuerwachen in der Verwaltung an und teilen der Sachbearbeitung telefonisch mit, welche Artikel in welcher Menge benötigt werden. Die Sachbearbeitung notiert alle Positionen in einem elektronischen Dokument und entnimmt die angeforderten Mengen aus dem zentralen Lager. Anschließend werden die Artikel in einem Paket zur Feuerwache versendet und aus dem Lagerbestand gebucht.

Zwischen der Mitteilung des telefonischen Bedarfs einer Feuerwache und der manuellen Dokumentation durch die Sachbearbeitung existiert ein Medienbruch. An dieser Stelle kann der Medienbruch durch die Verwendung und Übermittlung einer einheitlichen E-Mail-Vorlage verbessert werden, sodass keine Positionen vergessen oder Stückzahlen falsch notiert werden.

Anhand des vorliegenden Prozesses werden verschiedene Optimierungsmöglichkeiten deutlich. Bild 22 stellt den optimierten Prozess nach der Anwendung unterschiedlicher Restrukturierungsansätze dar.

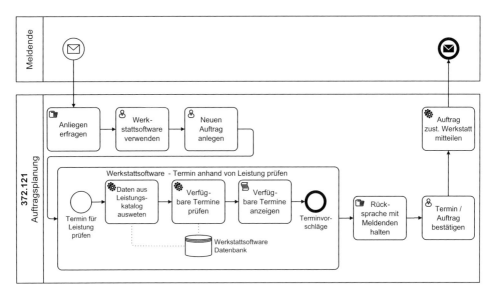

Bild 22: *Soll-Darstellung nach der Restrukturierung des Prozesses 372.121_K_2 – Auftragsplanung*

Ein wesentlicher Bestandteil des in Bild 22 dargestellten Soll-Prozesses ist die Verwendung einer zentralen Software (Werkstattsoftware), in denen verschiedene Aufgaben automatisiert, beschleunigt und zentral verwaltet werden können. Der direkte Vergleich mit der Ist-Darstellung zeigt, dass nach dem Erfragen des Anliegens, die Nutzung der Werkstattsoftware und das Anlegen eines neuen Auftrages ergänzt wird, dargestellt durch das »Benutzer-Symbol« in der linken oberen Ecke. Das Benutzer-Symbol steht für eine Aufgabe, die mit IT-Unterstützung durchgeführt wird. Diese Ergänzung reduziert die Anzahl der Medienbrüche und ermöglicht eine einheitliche Arbeitsweise auf einer einheitlichen Plattform. Durch die Werkstatt-software werden Dienste bereitgestellt, die anhand des Anliegens unter Berück-sichtigung des Leistungskataloges und der Dringlichkeit Terminvorschläge auto-matisch ermitteln und der Auftragsplanung anbieten. Hierzu wird auf hinterlegte Werte in der »Werkstattsoftware Datenbank« zurückgegriffen. Die Terminsuche wird somit zusammengefasst und deutlich beschleunigt. Anschließend stimmt der Auftragsplanende einen Termin ab und bestätigt diesen. Im Anschluss an die Betätigung werden der Meldende und der Terminkalender der zuständigen Werk-statt mit dem entsprechenden Auftrag sowie den notwendigen Informationen versorgt. Diese Aufgabe erfolgt parallel.

Hinweis:

Die genaue Differenzierung nach den unterschiedlichen Konzepten zur Restruk-turierung ist zum Teil schwierig. Insbesondere bei dem Einsatz von IT-Systemen können viele Aufgaben parallelisiert und aufgrund der hinterlegten Algorithmen beschleunigt ausgeführt werden.

Achtung:

Neben der Optimierung des Geschäftsprozesses auf visueller Basis gilt es gleicher-maßen die textuelle Form anzupassen. Ebenso ist ein Fokus darauf zu legen, dass Medienbrücke aufgrund der Fehleranfälligkeit vermieden und beseitigt werden.

5.4   Anwendung der Geschäftsprozessmanagement- und Geschäftsprozessbewertung

Für die Beurteilung der Geschäftsprozesse und des Geschäftsprozessmanagements der Feuerwehr Musterstadt wird das in Kapitel 4.3 vorgestellte Reifegradmodell mit 3 Reifegraden in eine anwendbare Form gebracht. Tabelle 12 zeigt eine mögliche Form der tabellarischen Bewertung. Die identifizierten Prozesse werden anhand der Kriterien 1.1 bis 3.6 eingestuft.

Tabelle 12: *Vorlage für die Bewertung der Geschäftsprozesse und des Geschäftsprozessmanagements*

Reifegrad-bewertung		Reifegrad 1: durchführbar					Reifegrad 2: etabliert						Reifegrad 3: optimiert						
OE	Prozess-nummer	1.1	1.2	1.3	1.4	1.5	2.1	2.2	2.3	2.4	2.5	2.6	3.1	3.2	3.3	3.4	3.5	3.6	Reife-grad
...																			
	...																		

Zur Bewertung der verschiedenen Kriterien wird auf eine einfache Möglichkeit der Bewertung zurückgegriffen. Die Bewertung erfolgt mit verschiedenen Zeichen:

Tabelle 13: *Vereinfachte Bewertung von Aussagen durch Zeichen*

Bewertung	Zeichen
Aussage/Anforderung trifft zu	+
Teile der Aussage/Anforderung treffen zu, liegen jedoch nicht vollständig vor	~
Aussage/Anforderung trifft nicht zu oder ist nur so erfüllt, dass sie als nichtzutreffend angesehen werden muss	–

Anhand der Verteilung der Zeichen »+«, »~« und »-« wird am Ende der Bewertung der Reifegrad bestimmt. Der tatsächliche Reifegrad basiert dabei auf einer realistischen und selbstkritischen Bewertung.

Achtung:

Das Ausfüllen der Bewertung setzt eine realistische und selbstkritische Einschätzung voraus. Für ein konsistentes und erfolgreiches Geschäftsprozessmanagement ist es nicht zielführend, zu »leicht« zu bewerten, aber auch nicht zu »schwer«.

Um eine Vergleichbarkeit der Ist- und Soll-Prozesse zu schaffen, gilt es zunächst die Bewertung der Ist-Prozesse durchzuführen. In Tabelle 14 wird exemplarisch die Reifegradbewertung anhand des Ist-Prozesses »372.121_K_2 – Auftragsplanung« durchgeführt.

Zum Zeitpunkt der Abbildung des Ist-Prozesses »372.121_K_2 – Auftragsplanung« besteht für die Inhalte des Reifegrad 3 lediglich die Absicht, das Werkstattzentrum aufgrund des strategischen Ziels der Zentralisierung und zentralen Auftragsplanung (3.3 Ziele sind strategisch) auszurichten. Aus diesem Grund ist dies das einzige

Tabelle 14: *Auszug der Geschäftsprozess- und Geschäftsprozessmanagementbewertung der Ist-Prozesse*

Reifegrad-bewertung	Reifegrad 1: durchführbar					Reifegrad 2: etabliert						Reifegrad 3: optimiert						Ist
OE Prozess-nummer	1.1	1.2	1.3	1.4	1.5	2.1	2.2	2.3	2.4	2.5	2.6	3.1	3.2	3.3	3.4	3.5	3.6	Reife-grad
372.121																		
372.121_K_2	+	+	+	+	+	–	~	~	~	–	–	–	–	+	–	–	–	RG 1
...	...	...	...	...	...	...	...	...	...	...	...	...	...	...	...	...	...	...

Kriterium, welches als zutreffend angesehen werden kann. Innerhalb des Reifegrads 2 sind, aufgrund er tabellarischen und visuellen Aufbereitung des Prozesses die Kriterien »2.2 zuverlässige Kontrolle der Zeiten und Qualität«, »2.2 zeitliche Ressourcen sind zuverlässig planbar« und »2.3 Kennzahlen wurden definiert und Zielerreichung wird gemessen« als zum Teil erfüllt anzusehen. Diese Einstufung erfolgt aufgrund der Tatsache, dass zum aktuellen Zeitpunkt nicht alle Angaben vollends dokumentiert und kontrolliert werden. Die Voraussetzungen für den Reifegrad 1 werden vollends erfüllt. Der Prozess ist so organisiert, dass er durch die Auftragsplanung durchzuführen ist (1.1 Organisation ist relativ). Aufgrund der verschiedenen Medienbrüche und unterschiedlichen Arbeitsweisen der Auftragsplanenden ist das Ergebnis verifizierbar, aber das Ergebnis nicht immer das gewünschte (1.2 Qualität des Prozesses ist überprüfbar, aber schwankend). Für die Durchführung des Prozesses ist die Prozesszeit mit 5 – 10 Minuten angegeben (1.3 zeitliche Ressourcen sind abschätzbar). Für die Abarbeitung sind die notwendigen Informationen bekannt und das Ergebnis entsprechend dokumentiert (1.4 In- und Outputs sind dokumentiert). Aufgrund der Prozessidentifikation sowie der visuellen Aufbereitung ist der Prozess umfänglich erfasst (1.5 Prozesse sind dokumentiert). Insgesamt ist der Prozess somit in den Reifegrad 1 (RG 1) einzustufen.

Merke:

Die aktive Auseinandersetzung mit der aktuellen Situation der Geschäftsprozesse führt zu einer Verbesserung der allgemeinen Situation, auch ohne konkrete Verbesserungsmaßnahmen durchgeführt zu haben. Alleine durch die Dokumentation wird den Beteiligten und den übergeordneten Stellen bewusst, welche Bedeutung die Geschäftsprozesse für die Organisationseinheit besitzen.

Aufgrund der durchgeführten Prozessoptimierung gilt es nun die Bewertung des gleichen Prozesses in der angestrebten Soll-Darstellung vorzunehmen.

Tabelle 15: *Auszug der Geschäftsprozess- und Geschäftsprozessmanagementbewertung der Soll-Prozesse*

Reifegrad-bewertung	Reifegrad 1: durchführbar					Reifegrad 2: etabliert						Reifegrad 3: optimiert						Soll
OE Prozess-nummer	1.1	1.2	1.3	1.4	1.5	2.1	2.2	2.3	2.4	2.5	2.6	3.1	3.2	3.3	3.4	3.5	3.6	Reife-grad
372.121																		
372.121_K_2	–	–	+	+	+	+	+	+	~	+	+	–	–	+	~	–	–	RG 2
...	...	...	...	...	...	...	...	...	...	...	...	...	...	...	...	...	...	...

Für die Bewertung der Soll-Prozesse wird neben der durchgeführten Optimierung ebenso die für das Geschäftsprozessmanagement geschaffene Stabsstelle »37.3 Übergreifende Koordination & Controlling« einbezogen, sodass sich die Geschäftsprozess- und Geschäftsprozessmanagementbewertung wie in Tabelle 15 dargestellt, beschreiben lässt.

Ausgehend von den geänderten Rahmenparametern und der durchgeführten Restrukturierung des Prozesses »372.121_K_2 – Auftragsplanung« verändert sich die Einstufung des Reifegrades von Reifegrad 1 hin zu Reifegrad 2. Die Umsetzung einer für das ganzheitliche Geschäftsprozessmanagement zuständigen Stabsstelle führt dazu, dass sich der Thematik der Geschäftsprozesse und deren Management angenommen wird und regelmäßige Betrachtungen der Prozesse durchgeführt werden (2.1 Organisation wirkt proaktiv auf die Prozesse ein, 2.6 Organisationseinheit wurde für die Umsetzung definiert, 3.4 Durchführung regelmäßiger Prozessaudits). Gleichzeitig unterstützt der Einsatz einer Werkstattsoftware die zuverlässige und ressourcengerechte Planung und Abarbeitung des Geschäftsprozesses, sodass auch im Hintergrund Kennzahlen und deren Zielerreichung gemessen werden können (2.2 zuverlässige Kontrolle der Zeiten und Qualität, 2.3 zeitliche Ressourcen sind zuverlässig planbar). Durch die Festlegung der genauen Parameter zur Auftragsplanung und dem dahinterstehenden Ablauf, kann der Prozess als Standardprozess (2.5 Standardprozess) angesehen werden.

Die Bewertung der Prozesse zeigt, dass für die zukünftige Ausrichtung eine Verbesserung erreicht wird, die es im Realbetrieb zu verifizieren gilt. Gleichzeitig wird deutlich, dass die Strukturen hin zum Managen der Geschäftsprozesse (Bewertungskriterien des Reifegrads 3) noch nicht in Gänze geschaffen sind und hierdurch ein Verbesserungspotenzial für alle Geschäftsprozesse entsteht.

Merke:

Die Restrukturierung erzeugt eine Verbesserung der Prozesse, die es in der Praxis umzusetzen und zu verifizieren gilt. Gleichzeitig kann eine höherwertige Bewertung erst dann erreicht werden, wenn die dafür notwendigen Strukturen innerhalb der Organisation etabliert werden.

5.5 Risikobeurteilung der Geschäftsprozesse

Aufgrund der umfangreichen Anforderungen und der zentralen Rolle von Geschäftsprozessen, insbesondere die der Kernprozesse, gilt es den Ausfall und somit betriebsbedingte Störungen und Unterbrechungen zu vermeiden. Zur Bewertung der Risiken wird auf die in Kapitel 4.4 vorgestellte Risikoanalyse gemäß des BSI-Standards 200-3 zurückgegriffen. Aufgrund der allgemeinen Formulierungen des Standards bietet es sich an, die Beschreibungen des BSI durch weiterführende Darstellung zu ergänzen. Die Eintrittshäufigkeit wird um verschiedene »Rahmenbedingungen« ergänzt, dargestellt in Tabelle 16.

Tabelle 16: *Kategorisierung der Eintrittshäufigkeit (BSI 200-3, 2019, S. 26 f.), mit Ergänzungen*

Eintrittshäufigkeit	Beschreibung	
	BSI-Standard 200-3	**Rahmenbedingungen**
selten	Ereignis könnte nach heutigem Kenntnisstand höchstens alle fünf Jahre eintreten.	Das Ereignis kann nur eintreten, wenn sehr spezielle Rahmenbedingungen gegeben sind, die im Alltag eigentlich niemals auftreten.
mittel	Ereignis tritt einmal alle fünf Jahre bis einmal im Jahr ein.	Die Rahmenbedingungen für den Eintritt des Ereignisses können in der Praxis durchaus vorkommen.
häufig	Ereignis tritt einmal im Jahr bis einmal pro Monat ein.	Die Bedingungen für den Eintritt des Ereignisses sind häufig oder sogar permanent gegeben.
sehr häufig	Ereignis tritt mehrmals im Monat ein.	Die Rahmenbedingungen für den Eintritt des Ereignisses sind permanent gegeben.

5

Zur Beurteilung der Schadenshöhe im Ereignisfall wird die Beschreibung, wie in Tabelle 17 dargestellt, durch die Auswirkungen auf den »Geschäftsprozess« ergänzt.

Tabelle 17: *Kategorisierung der Schadenshöhe (BSI 200-3, 2019, S. 27), mit Ergänzungen*

Schadenshöhe	Beschreibung	
	BSI-Standard 200-3	Geschäftsprozess
vernachlässigbar	Die Schadensauswirkungen sind gering und können vernachlässigt werden.	Die zentralen Geschäftsprozesse werden nicht gestört
begrenzt	Die Schadensauswirkungen sind begrenzt und überschaubar.	Zentrale Geschäftsprozesse werden zwar gestört, die Störung ist jedoch nicht wesentlich. Die zentralen Geschäftsprozesse können jedoch weiter betrieben werden, bis der Schaden behoben ist.
beträchtlich	Die Schadensauswirkungen können beträchtlich sein.	Der Schaden stört zentrale Geschäftsprozesse empfindlich oder bringt diese zum Erliegen. Eine Rückkehr zum Regelbetrieb ist jedoch in einem überschaubaren und akzeptablen Zeitraum möglich.
existenzbedrohend	Die Schadensauswirkungen können ein existenziell bedrohliches, katastrophales Ausmaß erreichen.	Der Schaden bringt zentrale Geschäftsprozesse nachhaltig zum Erliegen. Eine Rückkehr zum Regelbetrieb ist (innerhalb eines akzeptablen Zeitraums) nicht mehr möglich.

Für die tatsächliche Beurteilung der Geschäftsprozesse bietet sich die tabellarische Dokumentation an, sodass alle wesentlichen Informationen auf einem Blick zu entnehmen sind. Tabelle 18 zeigt eine nicht abschließende Auflistung von Risiken des Geschäftsprozesses »372.121_K_2 – Auftragsplanung«.

Tabelle 18: *Auszugsweise*

OE	Proz.-Nr.	Nr.	Risiko	
372.121	372.121_K_2	1	**Beschreibung** Ausfall des Anwendungsservers der Werkstattsoftware aufgrund eines Hardwaredefektes.	**Häufigkeit** selten **Schadenshöhe** beträchtlich **Kategorie** mittel
			Behandlung und Kontrolle Aufbau von redundanter Hardware; Vorbereitung von organisatorischen Maßnahmen zur Durchführung eines »Handbetriebes«.	**Verantwortlich** 372, 373 **Erledigung bis** 31.10.2019
		2	**Beschreibung** Ausfall der Werkstattsoftware aufgrund eines Softwareupdates.	**Häufigkeit** selten **Schadenshöhe** existenzbedrohend **Kategorie** mittel
			Behandlung und Kontrolle Definition eines Softwareupdateprozesses; Aufbau einer Testumgebung neben der Produktivumgebung.	**Verantwortlich** 372, 373 **Erledigung bis** 31.10.2019

Anwendung der Risikoanalyse gemäß BSI-Standard 200-3

Bei der Erfassung und Beurteilung der Risiken in Geschäftsprozesse können ganz unterschiedliche Kategorien bestehen. Hierzu gehören beispielsweise Risiken in der Organisation und dem Personal, in der Konzeption und der Vorgehensweise, den Anwendungen, in den IT-Systemen oder dem Netzwerk und der Kommunikation.

Bei der dargestellten Risikoanalyse ist die Eintrittshäufigkeit, dass der Werkstattsoftware-Server ausfällt, zum aktuellen Zeitpunkt als »selten« einzustufen. Diese Einstufung kann sowohl aufgrund von Erfahrungswerten, als auch dem Einsatz von neuer Hardware vorgenommen werden. Sollte es widererwarten zu einem Ausfall kommen, steht die Werkstattsoftware als zentrales Planungsinstrument nicht mehr zu Verfügung, sodass die Abläufe innerhalb der Werkstätten gestört werden oder zum Erliegen kommen, weshalb die Schadenshöhe als »beträchtlich« anzusehen ist. Aus der Kombination der Eintrittshäufigkeit und der Schadenshöhe ergibt sie die Risikoklasse »mittel«, deren Behandlung durch geeignete Maßnahmen angestrebt werden sollte. Die Maßnahmen selbst werden nicht vorgeschrieben und können sowohl organisatorischer, als auch technischer Natur sein. Für das aktuelle Risiko des Serverausfalls der Werkstattsoftware besteht die technische Möglichkeit, hardwareseitige Redundanzen zu schaffen und gleichzeitig organisatorische Maßnahmen zu ergreifen, die eine Abarbeitung des Prozesses unter Inkaufnahme von gewissen Einschränkungen mittels »Papier und Bleistift« ermöglicht (Handbetrieb).

Praxis-Tipp:

Genau wie bei der visuellen Aufbereitung der Geschäftsprozesse mittels Business Process Model and Notation zur Anwendung der Restrukturierung gilt es bei der Risikoanalyse ebenso eine geeignete Einschränkung der zu betrachtenden Prozesse und den entsprechenden Risiken vorzunehmen. Aufgrund der zentralen Bedeutung der Kernprozesse sollten vorzugsweise diese Geschäftsprozesse betrachtet werden. Als zu beurteilende Kriterien und deren Auswirkung auf den jeweiligen Geschäftsprozess sollten nur solche herangezogen werden, die auch realistisch eintreten können. Das »unrealistische« Ereignis wie beispielsweise der »Absturz eines Hubschraubers auf das Rechenzentrum« kann aufgenommen werden, oder als »Restrisiko« eingestuft und daher nicht erfasst werden.

Die Risikoanalyse selbst ist kein statisches Werkzeug und muss, analog dem Führungskreislauf, in regelmäßigen Abständen zur Kontrolle der Wirksamkeit der Maßnahmen durchlaufen und aktualisiert werden.

Hinweis:

Die angewandte Risikoanalyse stellt eine rudimentäre Verwendung der Methode als solches dar. Grundsätzlich besteht die Notwendigkeit, weiterführende Informationen und Vorgehen zu erhalten und zu erstellen, die es in einem Zeit-Maßnahmen-Plan zu berücksichtigten gilt. Zur Risikobeurteilung und deren Behandlung besteht die Notwendigkeit, auch finanzielle Ressourcen und entsprechende Verantwortlichkeiten nicht aus dem Blick zu verlieren.

5.6   Einführung des Geschäftsprozessmanagements bei der Feuerwehr

Zusammengefasst bezeichnet das Geschäftsprozessmanagement die ganzheitliche Betrachtung der Geschäftsprozesse sowie deren kontinuierliche Verbesserung hinsichtlich Aktualität, Leistungsfähigkeit und Qualität. Hieraus lassen sind zwei Rückschlüsse über den Aufgabenumfang und die Platzierung innerhalb der Organisation ziehen:

1. Die Bearbeitung aller für das Geschäftsprozessmanagement notwendigen Konzepte, Vorgaben und Aufgaben ist aufgrund des Umfangs und der Bedeutung nicht als zusätzliche Aufgabe für einen Mitarbeitenden wahrzunehmen, sondern durch eine gesonderte Stelle zu verrichten.

2. Geschäftsprozessmanagement ist eine übergeordnete, strategische Aufgabe und sollte aufgrund potenzieller Interessenskonflikte zwischen den Organisationseinheiten als Stabsstelle bei der Amtsleitung platziert werden.

Für die Integration eines zentralen Geschäftsprozessmanagements wird bei der Feuerwehr Musterstatt die Aufbauorganisation um die Stabsstelle 37.3 »Übergreifende Koordination & Controlling« etabliert (vgl. Bild 23).

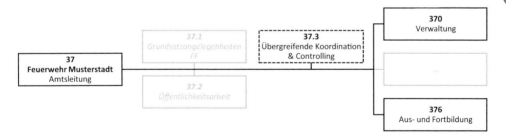

Bild 23:   *Auszug der Aufbauorganisation der Feuerwehr Musterstadt, Ergänzung der Stabsstelle 37.3*

Schwerpunktarbeit der Stabsstelle ist die Bündelung der für das Steuern der feuerwehrrelevanten Informationen, die Aufbereitung zur Entscheidungsfindung im Konfliktfall, die Überwachung der zentralen Abläufe sowie beratende Tätigkeiten für die Amts- und Abteilungsleitung sowie die Entwicklung von Standards und Vorgaben. Hierbei ist zu beachten, dass die Stabsstelle nicht für die fachliche Beschreibung der verschiedenen Geschäftsprozesse verantwortlich ist. Diese Tätigkeiten werden innerhalb der verschiedenen Organisationseinheiten wahrgenommen.

Merke:

Durch die Stabsstelle werden zentrale, übergeordnete Tätigkeiten wahrgenommen. Die fachliche Arbeit innerhalb der anderen Organisationseinheiten kann nur durch die jeweiligen Mitarbeitenden wahrgenommen werden. Andernfalls besteht die Gefahr, dass Geschäftsprozesse fachlich falsch beschrieben werden oder die koordinierende Stabsstelle mit Detail-modellierungsarbeiten beschäftigt ist, die der Einführung nicht dienlich sind.

Die Einführung des Geschäftsprozessmanagements selbst sollte als ein Projekt durchgeführt werden und mit klar definierten Zielen, Ressourcen und Verfügbarkeiten versehen werden. Ebenso muss aus den Projektzielen hervorgehen, dass das Ziel nicht einmalige Aufnahme, sondern das kontinuierliche Management sein sollte. Der Erfolg des Projektes hängt im Wesentlichen davon ab, wie die konzeptionelle Vorplanung mit der tatsächlichen Umsetzung überein gebracht werden kann. Wie bereits in Kapitel 4.5 beschrieben bietet es sich an, die parallele Implementierung aller primären Geschäftsprozesse einer Organisationseinheit durchzuführen, wobei folgende Punkte zu berücksichtigen sind:

1. **Vorbereitende Maßnahmen**

   Als vorbereitende Maßnahmen sind alle für die Arbeitsweise innerhalb der Feuerwehr und Organisationseinheiten relevanten, ganzheitlichen Informationen zu verstehen, die zur Entwicklung einheitlicher Standards, Vorlagen und Vorgaben relevant sind. Abhängig von der Größe der Feuerwehr sowie der jeweiligen Organisationseinheiten ist zu prüfen, ob eine gesonderte softwareseitige Unterstützung nicht nur zu Modellierung, sondern bereits bei der Aufnahme von Geschäftsprozessen notwendig ist. Ziel ist es, die größtmögliche Flexibilität bei höchster Vergleichbarkeit erreichen zu können. Hierzu zählt ebenso die Rücksprache mit der Organisationsleitung, um abzuklären, welche Kennzahlen erhoben werden müssen, welche für die Kontrolle der strategischen Ausrichtung notwendig sind und welche Zahlen darüber hinaus unterstützen können.

2. **Schaffung der Grundlagen**

   Zur Integration des Geschäftsprozessmanagements müssen nicht nur die dafür notwendigen Stellen geschaffen werden, sondern die sich aus den vorbereitenden Maßnahmen ergebenden Vorgaben und Überlegungen an die verantwortlichen Stellen transportiert werden. Hierzu zählen insbesondere die Bereitstellung von Anleitungen, Vorlagen und Erläuterungen an zentraler Stelle sowie die Durchführung notwendiger Schulungsmaßnahmen im Sinne der Mitarbeitenden-Qualifizierung. Die Durchführung von Schulungen ist so zu dimensionieren, dass sie adressaten- und zielgruppengerecht für die vorgesehenen Mitarbeitenden durchgeführt werden, sodass die Bereinigung und Korrektur auf ein Minimum gehalten wird.

3. **Begleiten der Maßnahme**
Bei der Identifikation, Analyse und Optimierung von Geschäftsprozessen in den unterschiedlichen Organisationseinheiten muss stets das Angebot bestehen, unkompliziert Unterstützung einfordern und erhalten zu können. Für diesen Schritt sind klare Zeit-Maßnahmen-Pläne zu erstellen, sodass sich die verschiedenen Beschreibungen in tabellarischer- oder visueller-Form nicht über einen zu langen Zeitraum ziehen. Dabei gilt es das Tagesgeschäft nicht zum Erliegen zu bringen, sondern durch die Beschreibungen einen Mehrwert zu generieren.

4. **Synchronisation der Organisationseinheiten**
Die verschiedenen Rückmeldungen sind in der Stabsstelle zu harmonisieren und zu synchronisieren, sodass eine einheitliche Prozesslandschaft entsteht. Ebenso sind diese Ergebnisse in die Organisationseinheiten zu transportieren, sodass gegebenenfalls interne Anpassungen vorgenommen werden können.

5

6 IT-Unterstützung

Informationstechnologie (IT) hat einen hohen Einfluss auf das das Geschäftsprozessmanagement. In diesem Kapitel wird ein Überblick über verschiedene Aspekte der Unterstützung zur Realisierung des Geschäftsprozessmanagements mittels IT gegeben.

6.1 IT-Anwendungen

In den Köpfen der Menschen hat sich vor der Einführung von IT-Anwendungen der Gedanke manifestiert, dass anschließend alles besser wird und die Software alles für sie erledigt. Die Ernüchterung folgt oftmals kurze Zeit später. Auch bei der Verwendung von Software für die Unterstützung im Bereich des Geschäftsprozessmanagements gilt es zunächst zu identifizieren, was durch den Einsatz erreicht werden soll und welcher Schwerpunkt verfolgt wird. Sollen visuelle Notationen vorgenommen werden, so eignen sich Werkzeuge, deren Schwerpunkt auf der entsprechenden Darstellung und Aufbereitung liegt. Soll der Schwerpunkt auf dem Hinterlegen von Kennzahlen und der Kontrolle liegen, sind weiterführende Werkzeuge und Systeme notwendig, die auch an bereits zur Verfügung stehende Systeme angeschlossen werden können, um mit den bereitgestellten Informationen arbeiten können.

6.2 Geschäftsprozessmanagement-Werkzeuge

Durch den Einsatz von IT wird der gesamte Prozesslebenszyklus (Business Process Lifecycle) mit Werkzeugen aus den Phasen »Modellierung«, »Ausführung«, »Überwachung«, »Optimierung« und »Gestaltung« unterstützt (vgl. Schmelzer & Sesselmann, 2013, S. 468 ff.). Die in den Phasen eingesetzten Werkzeuge werden zumeist BPM-Tools (Business Process Management Werkzeuge) genannt. Grundsätzlich wird bei dem Geschäftsprozessmanagement zwischen dem Business-BPM und dem IT-BPM unterschieden. Business-BPM wird auch als fachliches oder betriebswirtschaftliches BPM bezeichnet und IT-BPM beschreibt die Umsetzung einer technischen Lösung (vgl. Schmelzer & Sesselmann, 2013, S. 5). Der überwiegende Anwendungsbereich für den Einsatz von BPM-Tools liegt auf der fachlichen Prozessmodellierung, das heißt die Beschreibung und Aufbereitung von Geschäftsprozessen. Zur Erstellung und Verwaltung von Prozessmodellen unter Hinzunahme von Notationen werden Modellierungswerkzeuge eingesetzt (vgl. Schmelzer & Sesselmann, 2013, S. 477). International führende BPM-Tools, welche ihren Schwerpunkt auf die Modellierung legen, sind (vgl. Gadatsch, 2012, S. 42 ff.):

Tabelle 19: *Auszug von BPM-Tools mit dem Schwerpunkt Modellierung*

ARIS	Software AG
ProVision	Metastorm
Mega Suite	Mega
Enterprise Modeler	iGrafx
System Architect	Telelogic
WebSphere Business Modeler	IBM
Visio	Microsoft

Der Einsatz von Modellierungswerkzeugen setzt eine grundlegende Vorplanung voraus, in der die ebenfalls festzulegenden Modellierungskonventionen bekannt gegeben werden. In den Modellierungskonventionen wird die Vorgehensweise beschrieben, wie beispielsweise einheitliche Namenskonventionen, Modellierungs-ebenen, Definitionen von Modellattributen, Definition von Objektattributen, Layout Festlegungen, Verfahrensanweisungen oder der angestrebte Detaillierungsgrad und welche Grundsätze ordnungsgemäßer Modellierung zu beachten sind (vgl. Schmelzer & Sesselmann, 2013, S. 477). Durch die Festlegung und Verwendung von Modellierungskonventionen wird die Vergleichbarkeit von Prozessen verbessert und die Analyse erleichtert.

6.3   Serviceorientierte Architektur

Serviceorientierte Architektur (SOA) ist ein Denkmuster (Paradigma) für die Reali-sierung und Pflege von Geschäftsprozessen, die sich über große verteilte Systeme erstrecken (vgl. Josuttis, 2008, S. 10 ff.). Das zentrale Konstruktionselement von SOA sind Services (Dienste). Unter Services werden in sich abgeschlossene Software-module verstanden, die eigenständig nutzbar sind und über standardisierte Schnitt-stellen allen interessierten Benutzern zur Verfügung stehen (Software as a Service –

SaaS) (vgl. Schmelzer & Sesselmann, 2013, S. 483). Diese Module bilden Anwendungsfunktionen auf einer sehr niedrigen Abstraktionsebene ab und können flexibel zu Funktionalitäten höherer Abstraktionsebenen zusammengesetzt werden. Dadurch bietet sich die Möglichkeit, Anwendungen auf den jeweiligen Geschäftsprozess abzustimmen und zuzuschneiden. Bei einer Änderung des Prozessablaufes lassen sich neue Funktionalitäten verknüpfen sowie Inhalte verändern oder ergänzen.

Beispiel

Innerhalb der IT-Infrastruktur der Feuerwehr werden verschiedene Fachanwendungen betrieben. Der Vorbeugende Brandschutz setzt ein Dokumentenmanagementsystem zur Verwaltung der Baunebenakten ein, sowie Standardsoftware zur Erstellung der Dokumentation einer Brandverhütungsschau. In der Verwaltung werden Verfügungen, Arbeitsanweisungen und weitere Schriftstücke erstellt, die auf unterschiedliche Wege verteilt werden. Damit die auf den Weg zu bringenden Dokumente nicht verändert werden, wird ein entsprechendes PDF erstellt.
Mit SOA wird ein Dokumentengenerator (PDF-Service) bereitgestellt, der aus den unterschiedlichsten Dateitypen ein PDF generiert. Alle Anwendungen teilen sich den generischen Service und es wird auf die Implementierung eines PDF-Services innerhalb der Anwendungen verzichtet.

Bei der klassischen Vorgehensweise zur Integration von Anwendungsabhängigen Geschäftsprozessen werden unterschiedliche Teilprozesse mehrfach umgesetzt (vgl. Bild 24).

Durch die Verwendung von Services lassen sich teure Individuallösungen vermeiden und stattdessen durch generische Services die Wiederverwendung erhöhen. Die Anwendung von SOA erfordert ein durchgängiges Prozessdesign sowie die Nutzung von einheitlichen Standards. Hierbei wirken die Modellierungskonventionen des Geschäftsprozessmanagements positiv auf das Paradigma SOA ein.

Die Vorteile von SOA in Verbindung mit BPM-Systemen sind (vgl. Kirchmer, 2011, S. 43 ff.):

- Die Anpassung von SOA-Prozessen ist einfach und schnell. Anforderungen der Fachbereiche an die IT können schneller realisiert werden.
- SOA erhöht die Agilität und fördert die Prozessinnovation.
- Aufgrund der Wiederverwendbarkeit der Services können schnellere, einfachere und kostengünstigere Entwicklungen, Wartungen, Anpassungen und Erweiterungen von Anwendungen durchgeführt werden.
- Aufgrund standardisierter Protokolle können Prozessverknüpfungen leichter vorgenommen und Medienbrüche reduziert werden.

- Die technische Abhängigkeit von Anwendungssystemen und einzelnen Softwareanbietern wird verringert.
- Durch SOA wird die Kombination von bestehenden Anwendungen und neuen Anwendungen erleichtert. Die bisherigen Integrationsprobleme werden hierdurch reduziert.

Anwendungsabhängige Geschäftsprozesse

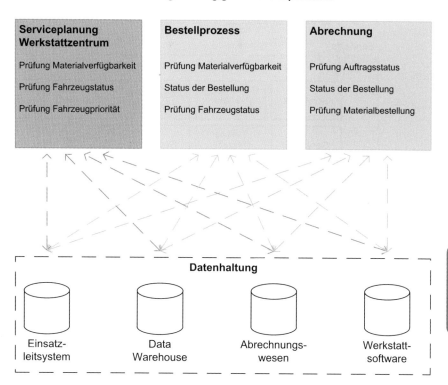

Bild 24:   *Anwendungsabhängige Geschäftsprozesse ohne SOA*

Mit der Bereitstellung von verschiedenen Services (mehrfach verwendbaren Prozessen) können Anwendungen nach einem »Baukastenprinzip« aufgebaut werden, sodass eine hohe Interoperabilität sichergestellt werden kann (vgl. Bild 25).

Bei all den Vorteilen gilt es dennoch verschiedene Nachteile nicht aus den Augen zu verlieren. Ein leicht nachvollziehbarer und dennoch wesentlicher Nachteil zur Verbreitung von SOA sind Altsysteme (vgl. Schmelzer & Sesselmann, 2013, S. 485).

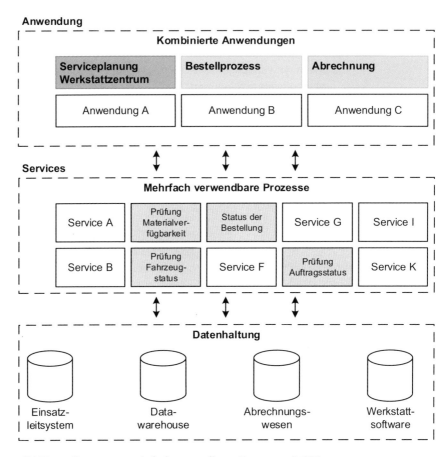

Bild 25:   *Umsetzung mehrfachverwendbarer Prozesse mit SOA*

Die vorhandenen IT-Infrastrukturen sind meist eine Mischung aus Standardsoftware, Spezialsoftware und Individualsoftware. Zusätzlich kommen unterschiedliche Modellierungswerkzeuge hinzu, die für den Betrieb oder Pflege dieser Systeme notwendig sind. Die Ablösung solcher Systeme erfolgt nur langsam, sodass erst bei neuen Systemen die Vorteile von SOA zur Geltung kommen können.

Beispiel

Im Rahmen der öffentlichen Daseinsvorsorge betreibt die kreisfreie Stadt Musterstadt eine Integrierte Leitstelle zur Brandbekämpfung, zur Erhaltung und dem Schutz besonderer Sachwerte, für den Katastrophenschutz und den medizinischen und technischen Rettungsdienst (ILS). Zur Unterstützung der gesetzlichen Aufgaben wird die als »Einsatzleitsystem« subsummierte Kombination aus Hard- und Software eingesetzt, zu der die softwaregestützte Disposition und Einsatzbearbeitung (Einsatzleitsoftware), die standortbezogene Alarmierung (Wachalarm), die zentrale Bündelung von Kommunikationsmitteln und -standards (Kommunikationssystem) sowie die dafür notwendige Hard- und Softwarekomponenten (IT-Plattform) zählen. Zur Speicherung der relevanten Daten werden neben den systemeigenen Datenbanken ebenso Daten in einem Data Warehouse gespeichert. Dieses Datenbanksystem dient nicht nur als Datenspeicher für analytische zwecke, sondern ebenso als »Datendrehscheibe« zur gezielten Verteilung von Daten.

Die Bereitstellung von verschiedenen Diensten zur Auswertung und Analyse sowie die Verteilung von Daten an andere Systeme oder zur Informationsaufbereitung entsprechen dem Paradigma von SOA. Neue Anwendungen können auf die bereits vorhandenen Dienste zugreifen und wiederverwenden.

6

7 Das Wichtigste im Überblick

Geschäftsprozesse beschreiben im betrieblichen Umfeld verschiedene zeitlich-logische Abfolgen von Aufgaben, um ein unternehmerisches oder betriebliches Ziel zu erreichen (vgl. Gadatsch, 2015, S. 5). Sie werden aus der Geschäftsstrategie abgeleitet und unterscheiden sich somit von sonstigen Prozessen.

Am Anfang des Geschäftsprozessmanagements steht die Identifikation der Geschäftsprozesse (vgl. Schmelzer & Sesselmann, 2013, S. 237). Die Identifikation beantwortet die Frage, welche Geschäftsprozesse eine Organisationseinheit benötigt, um die verschiedenen Aufgaben zu erfüllen, um die eigenen Ziele zu erreichen. Die Prozessleistungen können einzelne Produkte, Dienstleistungen oder auch eine Kombination aus beiden sein.

Geschäftsprozesse bestehen aus den Komponenten
- Eine Anforderung des Kunden **(Start)**
- Ressourcen für die Prozessausführung **(Input)**
- Abfolge von wertschöpfenden Aktivitäten **(Prozessablauf)**
- Leistungen für den Kunden **(Ergebnis)**
- Verantwortliche für die Zielerreichung und den Prozessablauf **(Geschäftsprozessverantwortliche)**
- Ziele, Kennzahlen zur Kontrolle und Steuerung **(Prozessziele, Prozesskennzahlen, Prozesskontrolle und Prozesssteuerung)**

Durch Geschäftsprozesse wird die strukturierte Zerlegung von Prozessketten in Teilprozesse, Prozessschritte und gegebenenfalls Arbeitsschritte und Aktivitäten ermöglicht, sodass die Erfüllung des Prozessziels im Rahmen der Funktionsorganisation im Mittelpunkt steht (vgl. Schmelzer & Sesselmann, 2013, S. 139 ff.).

Kunden werden in Geschäftsprozessen in interne und externe Kunden unterteilt. Externe Kunden sind diejenigen, die außerhalb der eigenen Organisationseinheit liegen. Interne Kunden sind diejenigen, die Teilergebnisse von Geschäftsprozessen weiterverarbeiten.

Geschäftsprozesse werden in Führungs-, Kern- und Unterstützungsprozesse unterteilt (vgl. Gadatsch, 2015, S. 17 ff.). Führungsprozesse verantworten das Zusammenspiel der Geschäftsprozesse und beziehen sich auf Strategieentwicklung, Unternehmensplanung und das operative Führen. Kernprozesse sind solche, die einen hohen Wertschöpfungsanteil besitzen. Sie sind wettbewerbskritisch und bilden den Leistungserstellungsprozess. Hierbei handelt es sich um die zentrale Tätigkeit innerhalb des Unternehmens oder einer Organisationseinheit. Unterstützungsprozesse besitzen keinen oder nur einen geringen Wertschöpfungsanteil. Sie sind nicht wettbewerbskritisch, aber notwendig.

Das System aus Führung, Organisation und Controlling von Geschäftsprozessen wird als Geschäftsprozessmanagement bezeichnet (vgl. Schmelzer & Sesselmann, 2016, S. 6). Integrale Bestandteile des Geschäftsprozessmanagements sind neben der Identifikation von Geschäftsprozessen die Bewertung zur Identifikation von Stärken, Schwächen, Problemen und Verbesserungsmöglichkeiten (vgl. Schmelzer & Sesselmann, 2013, S. 357) sowie ein geeignetes Risikomanagement zur Identifikation, Analyse, Bewertung, Steuerung, Überwachung und Reporting von Risiken (vgl. Meier, 2011).

Geschäftsprozessmanagement ist ein ganzheitlicher Ansatz für die gesamte Organisation und bringt ein Umdenken von der eher funktionsbezogenen hin zu der ablauforientierten Aufgabenabarbeitung (vgl. Gadatsch, 2017, S. 36).

7

Fazit

Die Leistungsfähigkeit einer Feuerwehr definiert sich nicht nur durch das Unterhalten einer »Für den Brandschutz und die Hilfeleistung [...] den örtlichen Verhältnissen entsprechend leistungsfähigen Feuerwehr [...]« (§ 3 Abs. 1 BHKG), sondern vielmehr durch die Verknüpfung und das Zusammenspiel mit den nachgelagerten Prozessen in der Verwaltung. Das vorliegende Buch hat gezeigt, dass bei der Verwendung geeigneter Werkzeuge und einer strukturierten Vorgehensweise die Gestaltung von Geschäftsprozessen und deren Management weit weniger komplex ist, als es zunächst den Anschein macht. Bei den meist begrenzten personellen, finanziellen, materiellen und zeitlichen Ressourcen wird durch den Einsatz von Geschäftsprozessmanagement eine Effizienz- und Effektivitätssteigerung erreicht, welche zukünftig von immer größerer Bedeutung sein wird. Insbesondere bei der Bemessung von personellen und finanziellen Ressourcen für den durch die Politik zu beschließenden Brandschutzbedarfsplan sind die aus den Geschäftsprozessen und deren Management generieten Kennzahlen, Fallzahlen und Durchlaufzeiten Werte, die eine Bedarfsbegründung fundiert untermauern können. Durch den Einsatz von Methoden zur Risikobeurteilung und deren Behandlung werden die Kernprozesse der Feuerwehr zusätzlich abgesichert und Maßnahmen aufgezeigt, eine nachhaltige Verbesserung der Geschäftsprozesse zu erreichen.

Für die Feuerwehr stellt das Geschäftsprozessmanagement einen Erfolgsversprechenden Weg dar, heutigen und auch zukünftigen Herausforderungen zu begegnen und die Effizienz und Effektivität nachhaltig zu verbessern, sodass die eigene Handlungsfähigkeit erhalten bleibt. In diesem Zusammenhang ist es wichtig, sich der Thematik strukturiert zu nähern, den »Anfang zu wagen« und verwertbare Ergebnisse zu produzieren.

Abkürzungsverzeichnis

Abs.	Absatz
Abt.	Abteilung
Amt 37	Feuerwehr
BHKG	Gesetz über den Brandschutz, die Hilfeleistung und den Katastrophenschutz
BPM	Business Process Management
BPMN	Business Process Model and Notation
BSI	Bundesamt für Sicherheit in der Informationstechnik
EGovG	Gesetz zur Förderung der elektronischen Verwaltung
FuRW	Feuer- und Rettungswache
FwDV	Feuerwehr-Dienstvorschrift
GoM	Grundsätze ordnungsgemäßer Modellierung
GPM	Geschäftsprozessmanagement
IEC	Internationale elektronische Kommission
ISO	Internationale Organisation für Normung
IT	Informationstechnologie
KGSt	Kommunale Gemeinschaftsstelle für Verwaltungsmanagement
LtS	Leitstelle
OE	Organisationseinheit
RG	Reifegrad
RW	Rettungswache
SOA	Serviceorientierte Architektur
vgl.	vergleiche

Literaturverzeichnis

Allweyer, T. (2005). Geschäftsprozessmanagement. Strategie, Entwurf, Implementierung, Controlling. Herdecke, Bochum: W3L-Verlag.

BPM-Offensive (2017). Business Process Model and Notation. Von BPM Offensive Berlin: http://www.bpmb.de/images/BPMN2_0_Poster_DE.pdf, letzter Zugriff: 21.08.2019.

BMI (2019). Bundesministerium des Inneren, für Bau und Heimat. 1.1.1 Aufbau- und Ablauforganisation. https://www.verwaltung-innovativ.de/OHB/DE/Organisationshandbuch/1_Ein¬fuehrung/11_Organisation/111_AufbauUndAblaufOrg/aufbauundablauforg-node.html, letzter Zugriff: 21.08.2019.

BSI 200-3, B. f. (2019). BSI-Standard 200-3: Risikomanagement. Von Bundesamt für Sicherheit in der Informationstechnik: https://www.bsi.bund.de/DE/Themen/ITGrundschutz/ITGrundschutzStan¬dards/Standard203/it_grundschutzstandards203.html, letzter Zugriff: 23.03.2019.

Burns, B. (2018). Verteilte Systeme mit Kubernetes entwerfen: Patterns und Prinzipien für skalierbare und zuverlässige Services (Animals). Heidelberg: dpunkt.verlag.

Deutsches Institut für Normung e. V. (2009). Leiten und Lenken für den nachhaltigen Erfolg einer Organisation – Ein Qualitätsmanagementansatz (ISO 9004:2009-12). Dreisprachige Fassung EN ISO 9004:2009.

Feldmayer, J., & Seidenschwarz, W. (2005). Marktorientiertes Prozessmanagement. wie Process mass customization Kundenorientierung und Prozessstandardisierung integriert. München: Vahlen.

Feund, J., & Rücker, B. (2017). Praxishandbuch BPMN. Mit Einführung in CMMN UND DMN, 5., aktualisierte Auflage. München: Hanser.

Füermann, J., & Dammasch, C. (2008). Prozessmanagement. Anleitung zur ständigen Prozessverbesserung. München: Hanser.

Gadatsch, A. (2012). Grundkurs Geschäftsprozess-Management: Methoden und Werkzeuge für die IT-Praxis; Eine Einführung für Studenten und Praktiker. Wiesbaden: Springer Vieweg.

Gadatsch, A. (2013). Grundkurs Geschäftsprozess-Management. Methoden und Werkzeuge für die IT-Praxis: Eine Einführung für Studenten und Praktikanten, 7. Auflage. Wiesbaden: Vieweg +Teubner.

Gadatsch, A. (2015). Geschäftsprozesse analysieren und optimieren. Praxistool zur Analyse, Optimierung und Controlling von Arbeitsabläufen. Wiesbaden: Springer Vieweg.

Gadatsch, A. (2017). Grundkurs Geschäftsprozess-Management. Analyse, Modellierung, Optimierung und Controlling von Prozessen, 8., vollständig überarbeitete Auflage. Wiesbaden: Springer.

Göpfert, J., & Lindenbach, H. (2013). Geschäftsprozessmodellierung mit BPMN 2.0. Business Process Model and Notation. München: Oldenburg Wissenschaftsverlag GmbH.

Josuttis, N. (2008). SOA in der Praxis: System-Design für verteilte Geschäftsprozesse. Heidelberg: dpunkt.verlag.

Karlin, D. (2016). IT-gestütztes Compliance Management für Geschäftsprozesse. Karlsruhe: KIT Scientific Publishing.

KGSt. (2009). Kommunale Gemeinschaftsstelle für Verwaltungsmanagement. Stellenplan – Stellenbewertung. Köln, NRW, Deutschland.

Kirchmer, M. (2011). High Performance Through Excellence. From Strategy to Execution with Business Process Management, 2nd ed. Berlin: Springer.

Kotter, J. P. (2011). Leading Change: Wie Sie Ihr Unternehmen in acht Schritten erfolgreich verändern. München: Franz Vahlen.

Madison, D. (2005). Process Mapping, Process Improvement and Process Management. A Practical Guide to Enhancing Work Flow and Information Flow. Chicago: California 2005.

Mangler, W.-D. (2013). Aufbauorganisation. Norderstedt: Books on Demand.

Meier, P. (2011). Risikomanagement nach der internationalen Norm ISO 31000:2009. Konzept und Umsetzung im Unternehmen, Renningen: expert-verlag.

Mohapatra, S. (2013). Business Process Reengineering. Automation Decision Points in Process Reengineering. New York: Springer.

Moser, S. (2015). Geschäftsprozessmanagement aus ganzheitlicher Sicht. Nachhaltige Optimierungs-methoden als strategischer Erfolgsfaktor zur horizontalen und vertikalen Prozessintegration. Stuttgart: Steinbeis-Ed.

Obermeier, S., Fischer, H., Fleischmann, A., & Dirndorfer, M. (2014). Geschäftsprozesse realisieren. Ein praxisorientierter Leitfaden, 2. Auflage. Wiesbaden: Springer Vieweg.

Prozesskennzahlen im Unternehmen. Kennzahlen zur Prozessanalyse. (2019). Von Qualitätsmanage-ment ISO 9001. Eine Infoseite der VOREST AG: https://www.qualitaetsmanagement.me/prozess¬ management/prozesskennzahlen/, letzter Zugriff: 25.03.2019.

Rotem-Gal-Oz, A. (2012). SOA Patterns. Shelter Island: Manning.

Scheer, A.-W. (1998). ARIS – Vom Geschäftsprozess zum Anwendungssystem, 3., völlig neubearb. und erw. Aufl. Berlin: Springer.

Scheer, A.-W., & Jost, W., & Wagner, K. (2005). Von Prozessmodellen zu lauffähigen Anwendungen. ARIS in der Praxis. Berlin: Springer.

Schmelzer, H., & Sesselmann, W. (2013). Geschäftsprozessmanagement in der Praxis. Kunden zufriedenstellen, Produktivität steigern, Wert erhöhen, 8. überarbeitete und erweiterte Auflage. München: Hanser.

Springer/Gabler (2019). Wirtschaftslexikon. Definition Organisationsstruktur: https://wirtschaftslexi¬ kon.gabler.de/definition/organisationsstruktur-43095, letzter Zugriff: 21.08.2019.

Digital-Ausgabe
erhältlich in der
BRANDSchutz-App

4., erw. und überarb. Auflage 2017
273 Seiten. 2 Abb.
Kart. € 15,–
ISBN 978-3-17-026263-8
Führung

Ralf Fischer

Rechtsfragen beim Feuerwehreinsatz

Einsatzkräfte und insbesondere Führungskräfte stehen im Einsatzfall oft unter hohem Zeit- und Erfolgsdruck. Dabei haben sie Entscheidungen zu treffen, die auch späteren gerichtlichen Nachprüfungen standhalten müssen. Deshalb sind im Einsatzgeschehen rechtliche Grundkenntnisse erforderlich, insbesondere dann, wenn in die Rechte unbeteiligter Dritter eingegriffen wird. Der Autor erörtert anhand zahlreicher Beispielfälle systematisch rechtliche Fragen des Feuerwehreinsatzes und berücksichtigt dabei die aktuelle Gesetzgebung.

Ralf Fischer ist Stadtbrandinspektor einer Freiwilligen Feuerwehr und Direktor eines Amtsgerichtes in Nordrhein-Westfalen.

Leseproben und weitere Informationen: www.kohlhammer-feuerwehr.de

W. Kohlhammer GmbH
70549 Stuttgart

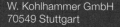